愛蔵版

グレイがまってるから

いせひでこ

平凡社

愛蔵版　グレイがまってるから　目次

◎グレイがまってるから

◎気分はおすわりの日

◎グレイのしっぽ

時を超えて

ふたりのあとがき〈二〇〇二年夏〉

愛蔵版によせて

愛蔵版　グレイがまってるから

グレイがまってるから

家族

家

午前三時、ごりごりと板をかむ音がカーテンとガラス戸を通してきこえてくる。規則正しくゴリリガリリゴリリガリリ。いつもならとっくに夢のむこうにいっているか、アトリエでCDのボリュウムを気にしながら仕事をしているかの深夜。うちから出る騒音に気をつかっても、外からの音など気にとめたことはなかった。グレイがこんな時間に自分の小屋を破壊しているとは……。

グレイの家は風呂のすのこのかたまりである。入り口のある一面をのぞいて三方の壁はすのこを交互にかみあわせて二重にしてすきまをふさぐ形になっている。床は二段重ねで湿気をにがし、夏は涼しいように設計されている。屋根は十センチ幅の板の平葺きの片流れ、白木（すのこだが）の色を生かしたまま防腐防水ニスを塗ってある。こんな格調高い純和風木造建築はどんなデパートにもペットショップにも売っていない。高名かどうかわからないが超多忙な建築家がグレイのために設計した。

世界にひとつしかない意匠の注文建築の家に住めるありがたみをもっと認識してもいいはずなのに、グレイはいつも外でねる。その上、夜中にその家をごりごりかじりまくり、破壊しようとさえしている。

庭

ぜいたくな犬は家をおやつにし、庭を所有する。来客があると家人は「いやあ、ねこのひたいほどで……ははは」とたのし気にグレイの背なかをかすめてながめまわすが、庭を一周しても一、二秒で客の顔に視線がもどる。

しかしそこは走りまわり、ふんをまきちらし、パンや宝ものをかくす場所にことかかない、グレイだけの庭である。家人の車と三台の自転車はグレイのじゃまにならないように小さくまとまっておかれている。

つばき、梅、つつじ、沈丁花（じんちょうげ）、もみじの木などが季節をおいかけて緑をたやさないが、手入れもされたことがないので小さな雑木林のようだ。その季節さえグレイは先取りしてしまう。開く先からつばきの花びらを食べ、つつじの新芽をかじる。草をたべるとおなかがすっきりするし家人から感謝される。草とりをしないですむからだ。

さらに庭には木のベンチと全身四万十（しまんと）川の木で造られたトナカイの木像がある。グレイはベンチの上で気ままに立ったりすわったりし、歯がかゆい時にははじっこをがじがじする。トナカイさんは門のわきでつったったまま、グレイの安眠のために番犬をしている。

かっ車つきのワイヤーで
グレイは庭を自由に
歩ける
絵描きは小屋の
すぐとなりのへや
でねて
いる
ゴリ
ゴリ
ゴリ
ゴリ
うんこ
パンをかくしてある
大雪の時折れた杉

●グレイの平和な一日

主人

グレイには家族が四人もいる。めったに家にいたことがないし、いても散歩にもつれていってくれないが、たまに〝おとうさん〟とよばれている家人Ⅰ。この人は建築家で、人様の家は設計するが（犬の家も！）自分の家は永久にもたないという変わり者である。したがって家族も変わり者である。

家人そのⅡ。一応〝おかあさん〟とよばれているがほとんど本人にその意識がないらしく、お昼近くパジャマのままガラリと雨戸をあけて「あらグレイちゃんおはよう」なんてとぼけている。パジャマでない時はえのぐのついたトレーナーにあなのあいたジーパン姿で、顔や手のどこかにはお化粧のかわりにかならず赤や青のえのぐや黒いインクがついている。洋服も化粧品も買えないのかもしれない。おまけにグレイがひっぱったりかじったりするからその人のくつはぼろぼろで、グレイがかじったベンチにすわるとよく似合った。

家人ⅢとⅣは子どもである。二人はみわけがつかないくらいよく似ていて、交互にでてくるかぎりグレイははじめは同一人物だと思っていた。犬の子だってあんなに似てはいない。姉妹は名前もまぎらわしいくらい似ていたのでここではⅢを大M、Ⅳを小Mということにする。グレイは二人にかわるがわるだかれたりおこられたりしているうちに実は二人は性格が正反対であることがわかってきた。区別はつくようにはなったが、どっちの言うことをきいていいのかうろたえることも多くなってきた。女絵描きは召使にしてやってもいい。家を作ってくれた建築家はあまり日常にかかわらないから宅配便のおじさんと同じように甘えていればいい。しかし「オスワリ、オテ、フセ」の号令のあと三十秒もおあずけをさせる大Mと、何も言わないで突然ポーンとパンをなげてよこす小Mの間で、グレイの混乱はつづく。どっちを主人にした方がグレイにとって都合がいいのか……。

グレイ

ブルーグレーの家

絵描きは引越しと旅がしゅみのようだった。しゅみといえばきこえはいいが、ようするにひとつ所に落ちついていられない性格らしい。そして住所を変えるたびに家の中を自分の好みの色で塗り変えた。

今度の家もまちがいなくどのへやもしゅみの悪いかべがみで被(おお)われていたし、じゅうたんに至っては申し分なくはでなみどりや水色だった。こういう改装しやすい家をみつけると絵描きと建築家はまた病気のようないたずら心をワクワクさせた。

まず、床はグレーのじゅうたんにはり変え、全てのかべがみの上から白いペンキをぬった。絵描きの好きな色はブルーグレーだった。朝の光の中では淡い水色がかっていて、夕方になると少しすみれ色を含んだようにみえるやさしい色で統一しよう。

五月の風が光って笑っているようなある日。庭いっぱいに家具をひろげる。大きなバケツにペンキを調合し大きなはけで家具を次々に染めかえる。本棚も、食器棚も、たんすも、レコードの棚も。仕事机まで、何もかもブルーグレーだ。カーテンとクッションはすでに染屋に同じ色で注文してある。

夕方絵描きは、庭の木々の間を行ったりきたりする風までブルーグレーに染まっているのを満足げにながめていた。ペンキぬりにあきた二人の子どもたちはこの庭には大きな犬が似合いそう……と考えていた。でも、おかあさんは犬までブルーグレーにぬってしまうのではないだろうか。

そして運命の日がきた

「ハスキーの子犬が生まれたんだけどもらってくれる?」

すでにハスキー犬、柴犬、チワワと四匹の成犬を飼っている友人の所に子犬が五匹も生まれたのだ。

「ハスキー犬?　シベリアのそり犬?　大きくなる〜!!」

絵描きの一家はあの大きな体、神秘的なブルーの目、品のよさそうな風ぼうの犬が自分たちのブルーグレーのへやや庭にいる様子を想像してうっとりした。そして離乳がすむころひきとりに行く約束をした。

犬は生後六週目位に飼い始めると家人になつきやすいとか。三ヶ月目位までは家の中で育て、四、五ヶ月ごろは庭遊び程度で六ヶ月目位から本格的に散歩や訓練を……絵描きは本屋に行くたびに犬の本を買ってきて、まだみぬ犬を心の中でかわいがっていた。

生後四週間目、五匹の中から一匹選ばせてもらえる日がきた。五つ子はそろって全身に銀色の幼毛を着ていたが顔の中に白や濃いグレーで造られたもようはすでに五つのちがった個性だった。

シベリアンハスキーときいてすぐにブルーの瞳、歌舞伎のくまどりのような顔を想像していた絵描きを、鼻も瞳もまっ黒でいちばんきかなそうな奴が、はじめは遠まきにながめ、人みしりしたように家具の後ろにかくれたりしていたが、まもなくとっとっと、とひざの上にのぼってきた。人をみて尻ごみして出てこない奴、すぐに寄ってきてなつきすぎる奴はけいえんした方がいい、と本にあった。絵描きはまっすぐにその黒目のオスを家族の一員ときめた。今にして思えば彼の方が役者が一枚上だったのかもしれない。あの時、犬が人をえらばなかったと誰がいえよう。

あと二週間で離乳を終えた子犬がやってくる。そのことだけで絵描きの一家は話題にことかかなかった。

黒い瞳がきりっとした美形の二女
性格がきついといわれた。
ブルーアイの三男
ねすがたが
もうおばさん
みたいだった。
片目ブルー
片目黒いの
長女。
むくっとおきあがると
グレイはじーっと
絵描きをみつめた。
まっ黒い瞳と鼻。
体全体が銀白色で
これがグレイだ！と絵描きは思った。
ブルーアイの
長男、全体白っぽくて
かおものぺっとしていた。

あんた
だれ？

となりのへやでは 両親がじーっと
絵描きを観察していた。
グレイのまっ黒い瞳は母親ゆずりだ。

うちのめされて

「今はやりのあの犬？　あなたもミーハーね」

「大きな庭、ちゃんとした犬小屋、毎日の散歩、その条件がそろわないと無理だ」

「あなたが犬をかうんですってー？　不規則な生活しかできない人が何言ってるの？　旅行にも行けなくなるのよ」

「ハスキー犬？　そりをひく犬でしょう？　大きくなるから運動量がたいへんですよ。運動不足になると犬の方がノイローゼになるといいますよ」

「犬をかうのは自由だけどハスキー犬だけはやめた方がいい。犬の中でいちばん大変だっていうじゃない。犬にふりまわされるあなたはどうでもいいけど、あなたの生活にふりまわされる犬の方がかわいそうよ」

……ハスキー犬が二週間後にくるんだ、と喜びの声をもらしたとたんの友人たちの反応である。

自分が犬一匹飼う資格もなければ、信頼に価する人格ももちあわせていないらしいということを絵描きは初めて知った。そりゃそうだ。ここのふたりの子どもたちはいつのまにか自然に育ったようなものだった。絵描きははしの持ち方のかわりにクレヨンのもち方を教えることはできた。おたん生会に子どもの友だちを十何人も招待しておいてごちそうなんてひとつも出さないで、みんなといっしょに家中の壁に絵を描いた。目がさめたらもう十時ごろだった時、「学校休んじゃえ」と平気で言った。


「ぜったいに責任もって世話するから……」

「朝の散歩は自分でやるから、おかあさんねていてもいいからあ」

「しつけも手入れもちゃんとします！」

子どもたちも負けてはいない。いや、それ以上に絵描きの中では不思議なことに会う以前から芽ばえてしまった犬への愛情が育ちはじめていた。

グレイ

今日も絵描きはブルーグレーのへやでアールグレーの紅茶をのんでいる。

子どもたちがさっきから四角いケージのまわりでうろうろしている。

――新聞紙しいておけばいいのかなあ。

――バスタオルしいた方が気持ちいいかもね。

――ぬいぐるみを入れておこう。

——お水を入れるおさらはこれでいいの？

小さい方のMがしきりにまだいない犬の世話をしている。

大きい方のMはさっきからじーっと庭をにらんだりへやをながめまわしたり、絵描きの方をみたりしている。そして時折あっとかそうだとか小さな声をあげては紙に何やら書きこんでいる。

——うん、決めた。やっぱりこれだ。

Mが絵描きの前に紙をさしだす。

『グレイ』

小さな文字で三十も四十もいろいろな名前らしきものがメモされていて、グレイの三文字が○でかこまれている。Mはまもなく到着する子犬の名前を考えていたのだ。

グレイ——ねこやなぎの銀色と春の雨の匂いと冬の日だまりを混ぜてまあるく毛糸玉にしたみたいなあのちび犬にぴったりの名前ではないか。

——決まりだね。

絵描きは目をほそめてアールグレーを飲みほした。

10数回の引越しに
耐えてぼろぼろだった
食器棚もブルーグレー
に塗ったら 北欧の
家具のようになった。
かべは全て
まっ白に塗った。
ドアは 紺
本棚も
ブルーグレー
あのドアから
のそっと
顔だすのは
……うーん
やっぱり大きな
グレーの犬が
にあいそう
そうだ！
グレイだ
スリッパも
ブルーグレー
クッションも
紺とブルーグレー
おかあさん、どうしたの？
かおまで全体青くなってるよ

●「もうすぐ犬がくる！」
すっかりごきげんで 友人に
電話をかけまくった。
柱は紺
ロールスクリーン
もブルーグレー
で染めて
もらった
えっ
1日2時間の
さんぽ！
規則正しい
生活！
えっ もう
旅に行けない！
引越しもできない！
え！
保けんが
きかないって
運動不足で
ノイローゼ！
紺のトレーナー
ブルージーンズ
水色のくつ下
しかし、今日の
絵描きは
心の中までブルーの
ようだ。
アールグレーの
紅茶がどんどん
さめていく

どこにでもおしっこしてしまうグレイ

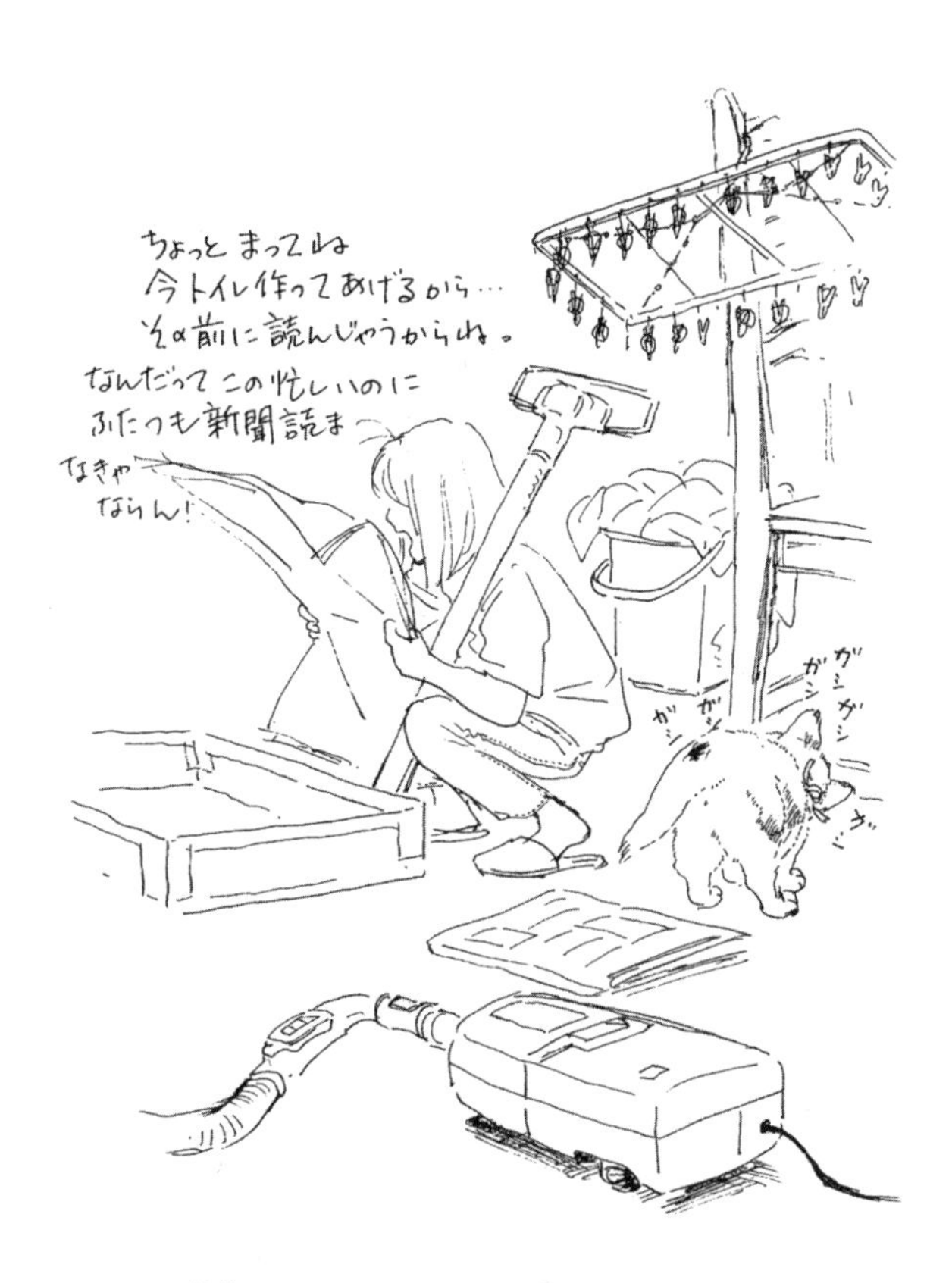

律義で(?) 融通のきかない絵描きは
毎日きまじめに 新聞をふたつ読んだ。

はじめは このくらいだったのに

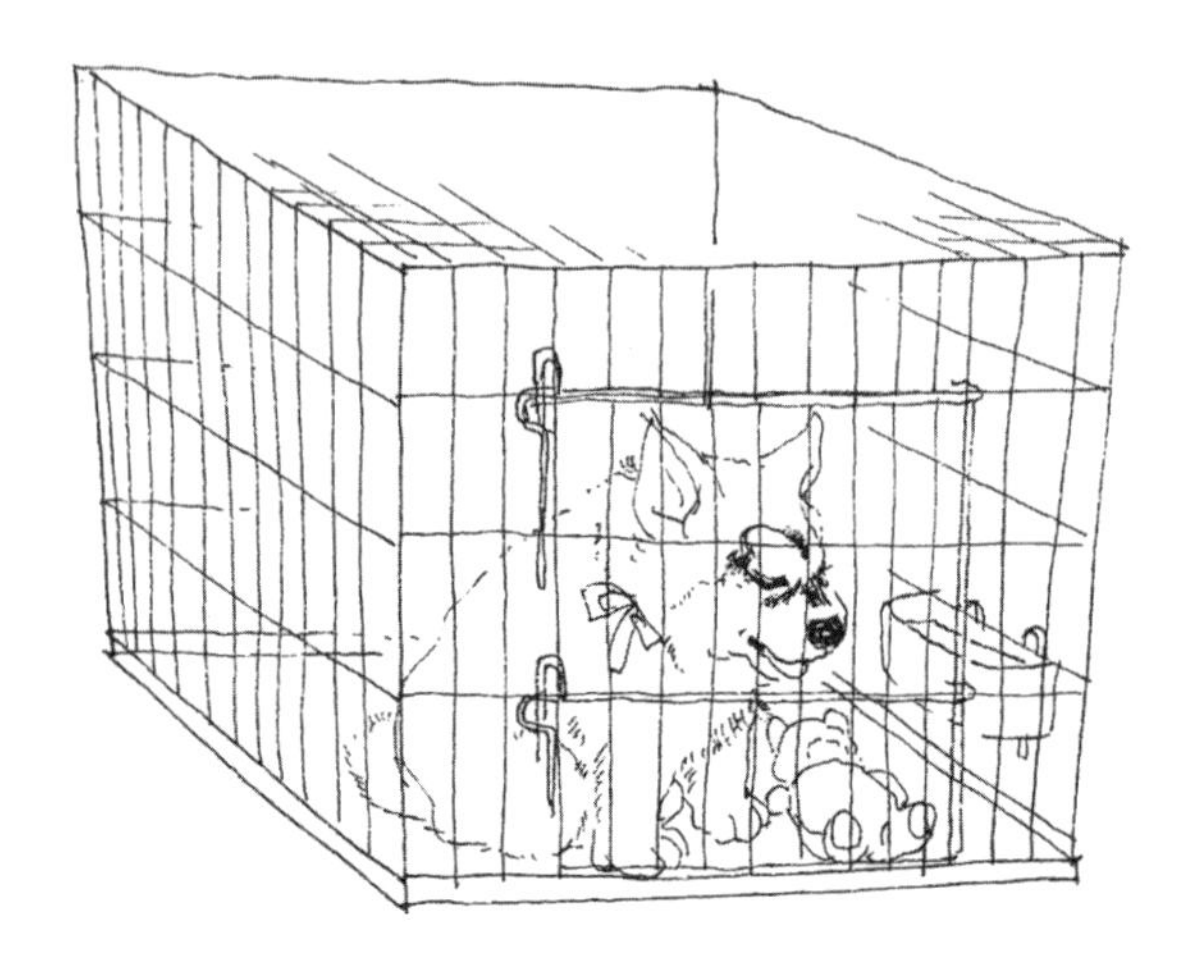

これでは 洗たくかごに入れられた
タオルのようです

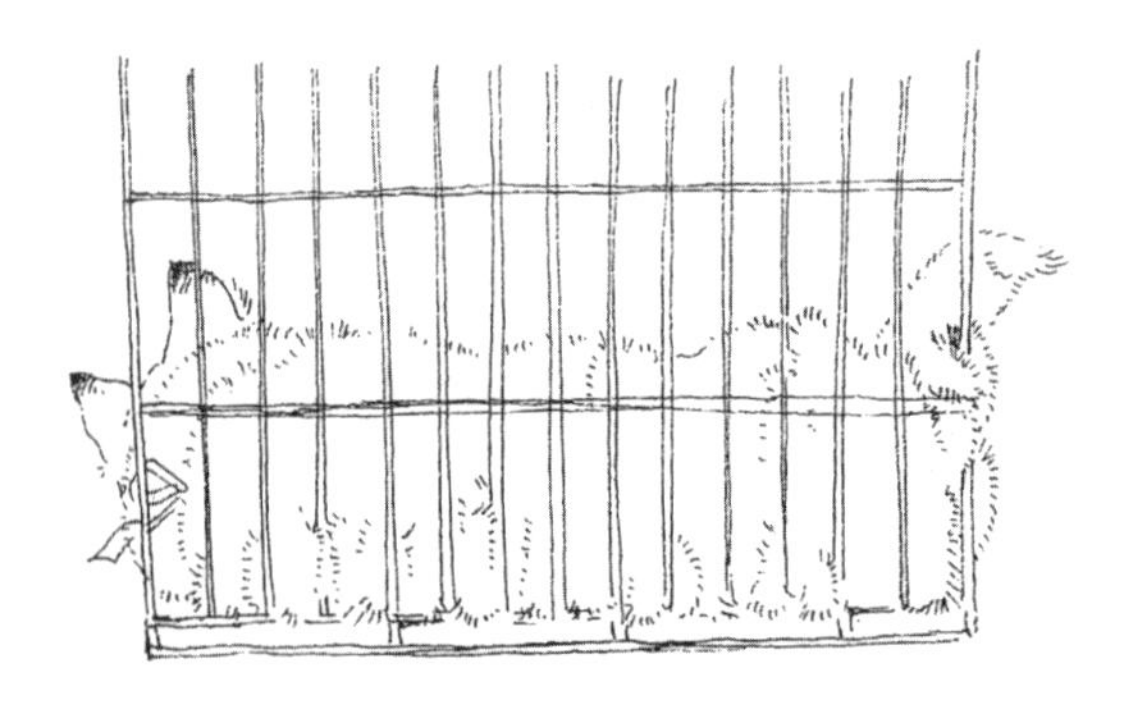

あっというまに グレイの方が
ケージより大きくなってしまった

こんなになる前に
犬小屋作ってよ。
おとうさん！ 建築家でしょう!!

おりこうそうな
かべにはハスキーの
カレンダー
つくえの上には山のように
犬の飼い方、しつけの本
なのに おまえは……
グレイの大好物 いすとつくえ。
客がくるたびに、しつけのできない
無能なかい主ぶりを ひろうすることになった。
5回め

おまえ、なにか私にうらみでもあるのかい？

● ああ、犬のために‥‥
クーラー つけといてね ZZZ…
夏だというのに なんでこんなに ふるえてねなきゃ ならんのじゃ…
グレイのために 仕事しなくちゃ! 子どもの養育ひより 多いよー!
予防接種 狂犬病 フィラリアの薬 ドッグフード 訓練代 クーラー代 シャンプー代
(ペットやにシャンプーをたのんだら すごい金額だったので以降 自分で洗うことにしたが…)

はじめての外

生後まるまる三ヶ月たった。予防注射も登録もすませた。育て方の本も何冊も読んで、獣医さんにも確認し、いよいよグレイを外へ出す日がきた。

絵描きの快適だったはずのブルーグレーの家は犬との共同生活によってすっかり変色していた。家具もカーテンもクッションも、グレイのおしっこの洗礼をうけなかったものはなかった。美しいグレーのじゅうたんは茶色い濃淡の総柄になっていた。家人の洋服は白い毛足の出たアンゴラのセーターみたいになった。

しつけをしなかったのではない。失敗した所に鼻をおしつけ「ここはトイレじゃない！」と何度も尻や鼻をたたき、新聞紙をしきつめた箱にすぐに抱きかかえて入れて教えた。そのたびにキャン！　と鳴き、ごめんなさいの顔をし、すごすごとケージに入った。しかしひと眠りするとグレイは過去のいっさいを忘れた。

しかし絵描きが何よりも辛かったのは、二重のコートをきた北の国の犬のためにクーラーを止められないことだった。冬は冬の寒さを、夏は夏の暑さを自然に近い形で受け入れるのが絵描き一家の基本的な姿だった。グレイは、室内犬の両親のもとに生まれ、生後六週間目までクーラーをつけっぱなしの部屋で育てられていた。

残暑みまいもとどかなくなる九月に入っても、夜中にキュンキュンと鳴きながら何度もねがえりをうった。クーラーをつけてやるとたちまちすやすやと寝息をたてた。グレイがきてから、絵描きはタオルケットの上から冬の毛布とふとんをかけてふるえながら夜をすごしていた。

十月一日、生後まる三ヶ月を一日越したまさにその日をまってグレイのケージを外に出した。今日からここでねるのよ。お庭でおしっこしてもいいからね。外に出しさえすれば、全てが解決するように思えた。

その日は夜から雨が降りはじめた。初めての外、初めての雨。グレイは不安がってせつない声で鳴いた。キューンキューンと。建築家は、一度決めたら出したり入れたり甘やかさないで、早く外がどういうものか教えた方がいいといった。

「それなら早く雨が入らなくてあたたかい犬小屋作ってあげてよ」

子どもたちはいっせいに建築家を白い目でにらんだ。

キュンキュンとグレイの夜鳴きが一晩中つづいた。絵描きは久しぶりにクーラーではないほんものの秋の気配をタオルケットにまきつけて眠った。赤ん坊たちがおっぱいをほしがって泣かなくなった初めての夜のようにぐっすり眠った。

てがみ

『夜犬ヲ鳴カサナイデクダサイ。メイワクシマス』

パジャマのまま、まだ半分眠ったまま新聞をとりに出た絵描きの目が一瞬でさめた。広告の裏に赤のマジックで書かれた投書の文面は一家をふるえあがらせた。今まで友人たちの忠告を気にかけて、犬にかわいそうな思いをさせないことばかりに神経を注いできた。いい飼い主になろうとしてきた。しかし、近所の全ての人が犬好きだとは限らない。

「鳴かない犬に育てなければ」

ハスキー犬は本来あまり鳴かない犬種である。忍耐強く体臭もなく、気持ちがやさしくて吠えないところがあの神秘的な風格に加わって、飼いたい犬のベストワンになり、あっというまに日本にハスキーブームが広がった。気候風土はけして適していないのに、この一家のように悲喜劇をまきおこしながらも、どこからわきだしてきたのか、ハスキー犬登録頭数世界一は日本である。

その夜、庭でキュンと一声発するたびにケージにとんでいってオリの外からなでたりなだめすかして全員が睡眠不足の夜をすごした翌朝、新聞をとりに出た絵描きはまた一瞬にして目をさました。

グレイと歩くようになって、絵描きは立ち止まることが
多くなった。立ち止まるといろんなものが見える。
いろんな音がきこえる。
おまえには芸術を
解する心はないのかい？

急に
もよおした

『犬ヲサッソクアリガトウ。コレカラモヨロシク』

「たくさん散歩させて、運動を十分にして、夜はぐっすり眠るように育てよう」

午前六時起床——前日徹夜しようが、雨の朝だろうが——犬がきて絵描きの生活が一変したのは、ほんとうはこの日からだったのかもしれない。

・のぞき
グレイはどこにでも首をつっこむし、
あながあると鼻を入れてみないと
気がすまない。
おもしろそうだから
いっしょにのぞいたら
なにか
ごようですか
………

犬が草を食べるのは腸の調整
のため、というが
庭の草をかじりながら必ず
人のかお色をうかがうグレイの場合
整腸のためだけだろうか。
あそんで
くれないと
ぼく悪いこと
するぞ
ほら
ほら

グレイは 大根のはっぱが大好きだ。
ある時は よその奥さんの
買いものぶくろのはっぱ
にかじり
ついていた。
ある時は やおやの
大根の前に
すわりこんでいた。
180
へい
いらっ
しゃい
…

犬は犬好きを
知る、といってね
わかるんですよ
ぼく…別に
この人のこと
好きじゃない
けど…
犬どうしはわかるのよね。
犬年はもっとよくわかるのよ。
あらごめんなさい
あなた犬年じゃ
ないでしょ。
散歩をしていると、時々
わけのわからないことを言う
人に会うことが
ある。

まっ黒づくめで
犬にコーディネイトした男性
必ず朝の散歩で
すれちがう
おじいさん
でも一度も
あいさつした
ことない。
ミミちゃんは
もう目もみえない
耳もきこえないのよ
グレイちゃんは
元気でいいわねえ
雨の日も風の日も
愛犬のために
盲導犬をやっている
おばあさん。

あら、このワンちゃん
おシリ、けがしたの？
えっ
あ、ダイコン
…
散歩中　どこかで
おすわりした時に
ガムテープをつけてきたらしい
●世の中には
こういう形で
ガムテープがおちている
ことがある。要注意。

● 10mに必ずひとつはみかける
これらの標語。きっとこんなにしつこいの
日本だけだと思う

○月×日

グレイはあくびをしながら走っていた。
アスファルトの道、石べい、鉄のフェンス、
はみだした庭草、さざんかのかきね、
にがかった菊の花、よその犬のうんこ、
カサカサと音をたててふみしめる落葉の道は
どこにいったのだろう、
つめがいたいよ。早く土の道に行こうよ。
私とグレイはきのうもきょうも、
同じ道を歩いている。
グレイが走れば私も走る、
グレイが歩けば私も歩く、息もたえだえに。
ひもはグレイがくわえているから、
散歩させられているのは私。
グレイが止まるから私も立ち止まる。
グレイがおしっこする。

私は空をみている。

公園もいいけど空地にもそれぞれの風情がある。
よその庭からまっ白い萩がこぼれていたりするとそれだけでうれしくなる。
こんな所に彼岸花が…
でもこれは興ざめ。
アカマンマの赤がかわいい
でも、グレイには色はわからない

色あせた
エノコログサ
季節はずれの
スミレがあったりする

つめ

六時起床、朝夕二回の散歩、不規則な絵描きの生活に奇跡のような日々がつづいていた。

ある朝、散歩の帰り道、グレイが足をひきずるようにしていた。「何かふんだのかな」「ベンチのすきまにはさんだのかな」肉球にケガもトゲもみあたらず、さわっても痛がらない。すこぶる元気なので二、三日様子をみたが、やっぱり後ろの脚が左右ともひょこひょこしている。病院につれていく間も足をひきずっていた。どうぶつのお医者さんは一目みるなり言った。

「散歩のさせすぎです。運動のしすぎです。つめがすりきれています」

散歩

グレイのつめがのびた。せっかくのびたつめを大切にしなければ……コンクリートをさけ、土の道をさがさなければ……。

再び散歩をはじめるようになって、絵描きは近所に公園がたくさんあることを知った。しかし、朝門を出るとその日の気分や天候で目的地は決められた。

雨、寒い日は①のコース　家のあるブロック一周だけで五分。これではうんちもでない。

忙しい時は②のコース　空地と小公園があって草地が快いが、空き地の横の犬に必ず吠えまくられる。約十五分、しかしこれとて、グレイの大きさを考えると手抜きの散歩だ。

絵描きはできるだけ③のコースをとるように心がけた。途中Mたちが通っている小学校があり、グレイはすぐ給食室の入り口に近づこうとする。ひもをひくと、Mたちの匂いをみつけたのか今度は門の前でおすわりする。下校までまだ何時間もあるから、忠犬ハチ公はやめようねといい、校門をあとに、林の一角に喫茶店がある大きい公園に入る。そこにおいしいコーヒーの匂いが満ちていて、やさしいおばあさんのビーグル犬もいる。絵描きとグレイは鼻をひくつかせて林の中をうろつく。絵になる四十分のコース。

締め切り前の仕事もなくて、宿題もなくて子どもたちとワイワイできる日は（そんな日はめったになかったが）池と森のあるもっと大きい公園に行く。それが④のコース。

夜の集会のある大きい公園
公園の入口に
ハスキーの親子が
いる。
グレイの
おさんぽ
コース
今日は
どのコース？
スピ
スピ
グレイの
大好きな
クリーニングやさん
④
③
グレイはこの公園横の
喫茶店にいる老犬が
大すき。
おや、
グレイちゃん
かい？
いつもサンルームで日なたぼっこしてる。
空地
公園
Mたちが通っている
小学校
空地
ジャックの
いる
公園は
かなり
遠い
⑤
のマーク
グレイが通ると
必ず吠えられる所

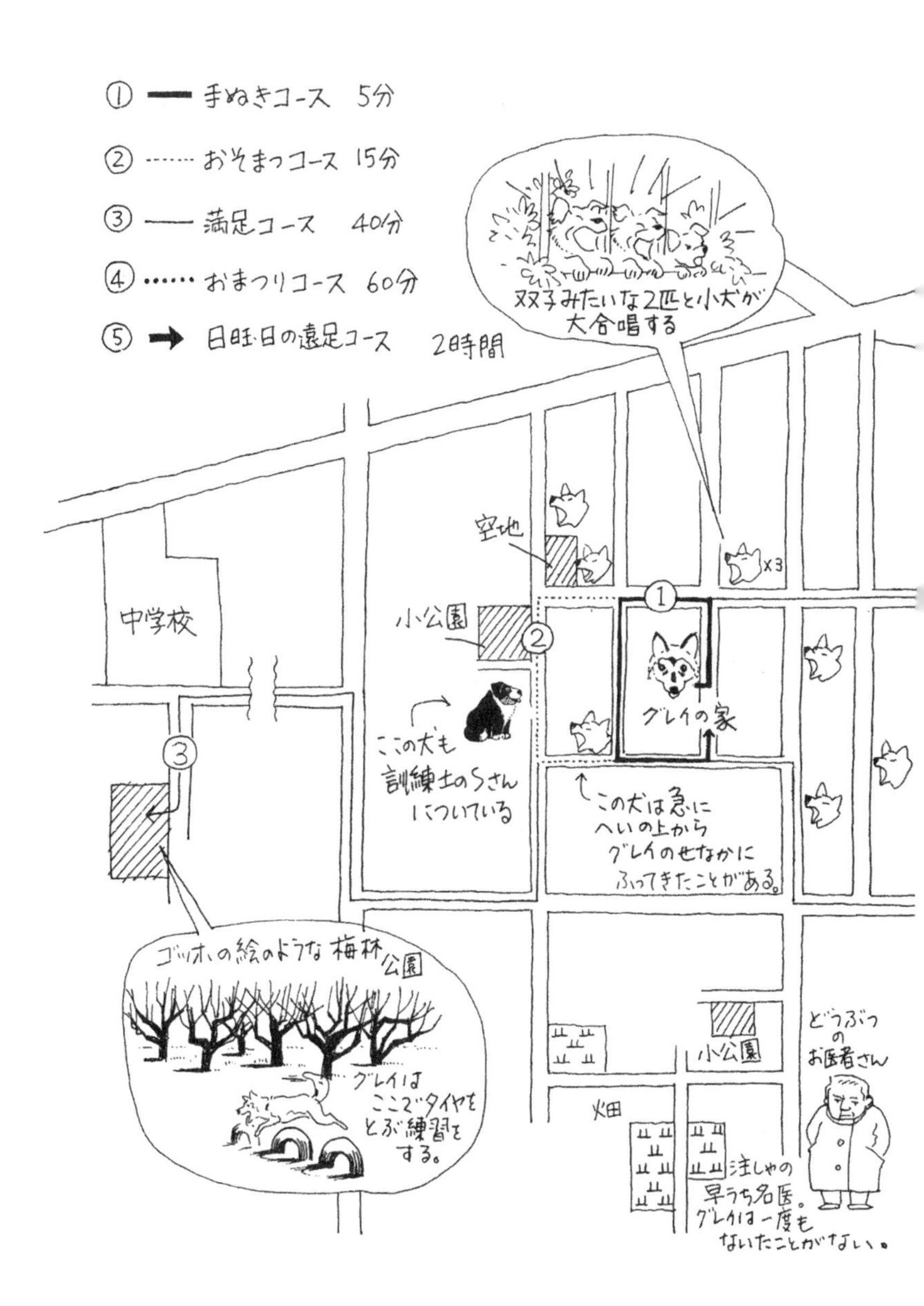
① 手ぬきコース 5分
② おそまつコース 15分
③ 満足コース 40分
④ おまつりコース 60分
⑤ 日曜日の遠足コース 2時間
双子みたいな2匹と小犬が
大合唱する
×3
空地
小公園
中学校
グレイの家
ここの犬も
訓練士のSさん
についている
この犬は急に
へいの上から
グレイのせなかに
ふってきたことがある。
ゴッホの絵のような梅林公園
グレイは
ここでタイヤを
とぶ練習を
する。
小公園
畑
どうぶつ
の
お医者さん
注しゃの
早うち名医。
グレイは一度も
ないたことがない。

ふたりのM

ぼくはほんとうは四人のうち誰がご主人かわからなくなる。ほんとうはぼくかもしれないと考える時、心の奥の方がワクワクしたものでいっぱいになって、しまいにはのどつまりしたみたいになるのをなるべく知らんぷりしているか、あくびをするふりをしてそのつまったものを吐きだすことにしている。ふたりの子どもはたいていひとりずつやってきてぼくをかまってくれる。はじめは双子かと思っていた（ぼくは五つ子だった）けどこのごろは足音をきいただけでわかる。

ごはんの前に「オスワリ、オテ、フセ、ヨシ」を頭の上からふりかけて、ぼくが食べ終わるまで木のようにつったったまま待ってくれて、ぼくが最後のひとつぶをのみこんだら抱きついてなでてくれ、自分の朝ごはんも忘れて遊んでくれて、七時五十分きっかりにランドセルをしょって門を出て行くのが大きい方のMだ。

小さい方のMはパジャマのままぬらーと現れてばふばふと抱きつき、よっしゃよっしゃとなでまわし、いい子いい子と叫んで、自分もえさをしっかり食べて、時々はりんごをかじりながら「おくれるよー」という女絵描きのどなる声といっしょに玄関からはじき出ていく。

建築家はいるのかいないのか、ほとんどかまってくれない。小屋を作った時から自分が主人だと信じているようだから、ぼくもそう思おうとしている。夜中とか明け方とか、静かに門をあけてドロボーのように家に近づき、ねているぼくの頭をなでてから門灯を消し、家の中に消える。ぼくはその大きな暖かい手で眠りながら頭をなでられるのが好きだ。

「ご主人さま、おかえりなさい」

目をつむったまま、ぼくはつぶやく。

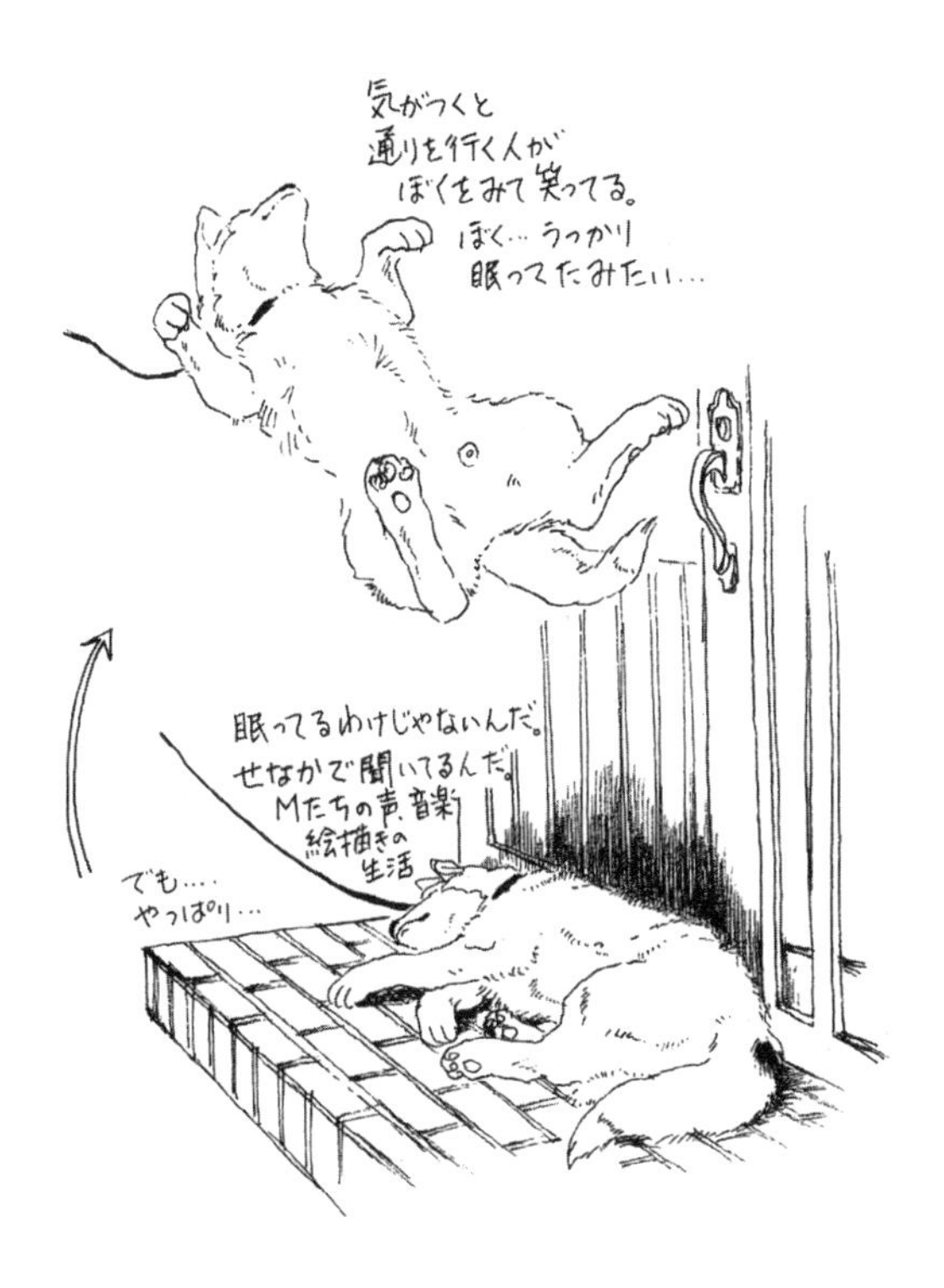

● 芸術の秋

ブロックべいに使われているあなあきブロックには
いろいろと　種類があることが　わかった。

ぼく…よく
わかんない
鼻がはいるならどれでも
いいような気がする。

○月×日

朝目がさめたらまっ暗だった。つまり朝ではなく夜の六時だったのだ。運動不足の人間が急に毎日犬の散歩をはじめたものだから、それも日ごとに犬は大きくなりひっぱる力も強くなるものだから、とうとう昨日から腰が動かなくなった。グレイが門からとび出した時、私の腰の骨の一部もとびだしたらしい。歩くことも立つことさえもできない痛みをさすりながら横になっているうちに翌日も終わろうとしている。

子どもたちが登校したのも下校したのも気がつかなかった。ぶつぶつ文句いいながらインスタントラーメンをズルズルする音がとぎれとぎれに聞こえていたが睡魔のむこうにあいまいな音となって消えていった。そして夢からさめる一瞬を利用して「グレイのえさ！」「グレイの散歩！」と、ふとんの中からいばって叫んでいたような気がする。

二十キロ近くの大犬になったグレイの散歩はだんだん楽ではなくなってきている。まして、二十三キロしかない子どもの体で三十分の散歩はたいていなことではない、と承知しながらも今の私はすわることもできない。

半年で体重が十倍になる犬なんてばけものみたいだよ、と思いながらもまたつむったまぶたの中でグレイの顔や毛並やしっぽの太さを思ってかわいくてならない。

いたのか

グレイはふたりの子どもたちが出て行ったあと急にぽつりとさびしい気分になり、庭園もただのうす茶色の空き地にみえて、少しうろうろし、ベンチのまだかじってない所を少しかじって、トナカイさんにしっぽふってみるけど何にも応えてくれないから、水をのんで、のろのろとひるねに入る。

何時だろう。家の中でゴソゴソと音がきこえはじめる。台所やトイレの水の音、紙をまるめたりビニール袋のカサカサという音、鼻歌……絵描きが起きたのだ。

ぎっくり腰になってから、時々絵描きは朝六時の散歩をさぼっていた。二人の子どもがとっくにでかけて、ゴミの車がカラスのくいちぎった黒いビニール袋も持ち去って、クリーニング屋のおじさんもそっと玄関からYシャツをさしいれて、郵便屋さんがパタンポトンと手紙の束をポストにおとして、おとなりのおばあさんは道路をそうじしてお水もまいて、近くの女子大の学生たちが百人もピチピチさえずりながら通って、赤ちゃんをおぶったおばさんが元気よく門の前を通りすぎ、やがてだいこんやティッシュペーパーのはこでいっぱいの袋を両手にふうふういってまたグレイの前を帰っていったというのに。

この家には今だあれもいないと思って、ひるねをしたり、うんちをしたり、ベンチもかみあきて、水ものみすぎた冬のおわりのうらうら日ざしの中のグレイの夢みごこちはいっぺんにふきとんだ。

「いたのか!!」

グレイは大きくのけぞるようにのびをし、全身の毛をふるいたたせ、首を大げさにふってくさりをじゃらんといわすと、玄関に立つ、後ろの二本脚で。本日二度目の目ざまし時計。ドンドン、ドドン、ドドドンドーン。

ドアがきしむ。家がゆれる。ガラス戸がゆれる。

絵描きが現れる。

「あーらグレイちゃん。おはよう」

グレイはとびつく。グレイはかじる。そで口を、Gパンを、くつを、手首を。

「よーしよし。お散歩行こうね。まってたの?」

待っていたのではない。いるとわかっていたのならこんなに待たない。いないと、あきらめていたのだ。

グレイは散歩づなを口にくわえてグイグイ先を走る。うらうらとすごしたあきらめの時間をとりもどそうとするかのように走る。目的地はない。きのうの自分の匂いをおいかけているだけだ。きのうはおとといの匂いをおいかけていた。ずっとずっとおいかけてグレイの散歩はどこまでつづくのか。

夜の集会

グレイは六ヶ月になり、だいて体重計にのるのがそう簡単ではなくなった。朝もやのようにやさしかった銀の毛は黒と灰と白のこわい毛になった。筋肉に沿って毛並ができるのか、動くと背中が波うつようになった。

足もしっかりしてきたし、一日二回のご近所めぐりにも飽きてきたので散歩の距離をのばすことにした。ある日曜日の午後、めずらしく家族そろった四人と一匹はちょっと遠くの公園にむかった。

公園まで十五分の道はコンクリートばかりだが、公園に入れば落葉や土の匂いでいっぱいだ。秋の夕暮は早く、家を出る時あたりは空いっぱいの夕焼け色だったのに、公園に着くと風景は等しくダークブルーの中に溶けこんでいた。

公園の入り口すぐの広場にさしかかった時、林はすっかり紺の闇になり、水銀灯がうすらわびしい白い輪を投げかけていた。その光の中に浮かびあがったのは木のシルエットではなく人の影だった。

昼間のここはいつもゲートボールの明るい声でわきかえっている。こんな時間に、アベックだろうか、不良少年たちだろうか。いや人だけではない。自分たちの周囲に人間以外の動きと息づかいを感じる。グレイの鼻がヒクヒクと動いた。

突然、三方から大きさのちがう犬がグレイをめがけて走ってきた。けしておそいかかったという感じではなかった。「君、だあれ」というように、一匹はグレイの顔に鼻をくっつけ、一匹は背中に前足をかけ、もう一匹はグレイのしっぽの匂いをかいだ。

グレイはたちすくんだが、闇の中から四匹目が湧き出てきた時、ベンチの下に逃げこんだ。シルエットがザワザワと動き、「ハスキーの子犬じゃない？」と声を発した。

逆光の中、黒い影の団体がベンチの下のグレイに近づく様子は、獲物の包囲をじわじわとせばめていくエイリアンの集団のようである。よくみると柴や雑種の中型犬でグレイより小さい犬ばかりだ。

「グレイ、大丈夫、散歩の仲間たちだよ」

犬たちは初めてみるグレイに興味をもって近づいただけであった。しかしおびえきったグレイはベンチの下で腰をぬかしたまままうずくまっている。

「出ておいで！」

絵描きが手をさしのべたのと、一匹の柴がベンチの下に首をつっこんだのと同時だった。グレイは目の前のものに思いきりかみついた。

「！」

…………

「いやあ、次第になれますよ」

● 夜の集会
犬をかうまで世の中にこういう
世界があることを知らなかった。
闇の中から次々と人と犬が湧き
出てくる。犬の品評会のようでも
あり井戸端会議のようでもある。
犬をはなさないで下さいの立て札
さむいわね
人の世界と変わらないようだけど ここでは犬が主人のようだ。

すみの方で
しつけをしている人
セーターを着た
過保護な犬
ぼく、もう平気だけど
足の上にのるの
やめてよ
黒いのもいれば白もいる。金色もいる。陽気なのやせっかちも。

「はじめはみんなこんな風に歓迎されるんですよ」飼い主のひとりが言った。

「い、いつも、こんな時間に集会を？」

絵描きはかまれた右手をにぎったまま、グレイの全身に被(おお)いかぶさりながらやっとの思いで聞いた。

「かまれたんですか？　かんだ時はひっぱたくんですよ」

絵描きはあわててグレイの鼻をたたいた。ほんとうはとびかかってきた四匹をたたきたかった。

あんまり一瞬のことだったので、子どもたちと建築家はぼうのようにつったったままだった。

「毎日くると一週間位でなれますよ」

「ハスキーのオスか。この辺ではめずらしいな」

周囲のかげは十匹と十人以上いた。そしてみんなひもをはなしていた。こんなにたくさんの犬をいっぺんにみたのはグレイも絵描きも生まれてはじめてのことだった。

「今日は入学試験みたいだったね」

面接に失敗した子どもと母親のように、グレイはしっぽも首もうなだれて、絵描きは流れつづける血が右手いっぱいにたまるのをみつめながら帰った。

おく病な犬

子どもたちが学校へ行っている時間は長い。朝の散歩だけでは足りないらしく、グレイはお昼になると「行こうよ行こうよ」と甘え声をだした。無視して仕事をしていると、今度は二本の脚で家中をゆさぶり、しまいには助走をつけてドアに体あたりしておどしにかかった。なんて大胆でなんて自己主張の強い犬なんだろう。

子どもたちが帰るまで双方とももちそうにない。しかたない、絵筆をおいて。絵描きは本日二度目の大サービス、くさりをじゃらんとかける。グレイはしっぽをふり、主人よりも先に門を飛び出し、絵描きをそりだとでも思っているのかぐいぐいと第④のコースへむかう。長くて楽しいコースをもう知っている。

季節はもう冬の入り口で、町中のあちこちの家に植木屋さんが入っている。いつもの道に見なれない格好でリヤカーがたてかけてあった。グレイの足が止まる。しっぽを下げ向きを変え、今来た道をもどろうとする。リヤカーが異様なものにみえたのだろうか。

そういえば先日、家具の配送車が止まっていて、後ろの扉から巻いたカーペットが道にとびだしていたことがあった。ふんふんと道路そうじしながら歩いていたグレイがそれにつきあたるなりいきなり後ろ向きに三段とびしたのだった。大きくて見なれない形のものがこわいのだろうか。

平和なはずの庭でグレイが突然吠え叫んだことがある。吠えない犬なのに、と不審に思って外にでてみると、風に飛ばされて入りこんだビニール袋がカサカサと音をたててグレイの前で踊っていた。大きさではないようだ。

赤ん坊の乗っていないうば車もだめだ。赤ん坊が乗っている時は平気なのに無人の動かないうば車はグレイにはこわいものになる。

玄関においてある二メートル近いベンジャミンの鉢植えが倒れた時、ねているベンジャミンにむかってグレイはくるったように吠えた。

雨あがりの庭、一家中のかさが庭せましと干されるとグレイは体をちぢめうなだれる。量でこられると吠える気持ちも萎縮するらしかった。

家庭教師

甘えん坊なのか気が強いのか、おく病なのか大胆なのか、繊細なようで楽天的で、人のふところ具合も考えないでよく食い日ごとにふくらんでいく大きな存在に、今度は絵描きがおびえはじめた。

このままMたちの体重を越して自分くらい大きくなったら誰が犬をひく？　仕事と結婚し現

場を家庭としているような建築家はあてにはできない。

「あら、大きな犬はたいへんね。訓練士さんに来てもらっているの？」

ある日道で声をかけてくれた婦人は少し前ラブラドールに死なれていたのだが、大型犬は訓練士をつけた方がいいと言った。そういえば先日も新聞に、犬がかんだ、ひもをつけていなかったと裁判になっている話がのっていた。

「警察犬の訓練ならわかるけど、家庭犬に訓練ですか？」

大型犬は力が強いからいざという時おさえがきかないと思わぬ事故につながるという。まして、住宅街とはいえ車の多い東京ではうっかり走りだした犬が車にとびこむこともあるだろうし、Mたちのように小さい子どもの力でも制御できる方がいいにきまっている。人間が大好きで誰かれかまわずとびつくグレイ、とびつかれてうれしい人ばかりではないということはこの前の手紙でもう知っている。

都会のせまい家で大型犬と暮らすのは、犬にも人間にも無理が多い。飼い主の指示にきちんと従う犬に育てることが世間にうけいれられるための礼儀かもしれない。

家庭教師のようなものかしら。獣医さんのようかしら。グレイのおく病もとびつくくせも治せるかもしれない。自分のことを主人だと思ってくれるかもしれない。絵描きはその婦人の家に来ていたという訓練士さんを紹介してもらうことにした。

グレイ六ヶ月。しつけをするのにも最適の時期だった。

犬の後向き三段とびを
初めてみた。
インテリア
ただのじゅうたんです

かさにかこまれると
グレイは身動き
できなくなる

しかし なんといっても 圧巻は
自分で動き回った軌跡を 修正できなくて
自らパニックにおちいった時のグレイの顔である。
見ている方が その状況のばかばかしさと
グレイの表情に おびえてしまう。

訓練士

大晦日（おおみそか）、グレイは古い年の汚れをすっかり落としてもらい、生まれて初めておせち料理をたべ、明日から銀色の身の上に吹く新しい風を待っていた。

いや、待っていたのはグレイより絵描きの方だったかもしれない。正月もあけきらない一月六日、大きな白いライトバンが門の前に止まった。車の中には犬用のケージ、ボール、くさり、ジャーキーの袋、ダンベル。そしてドアがあき、色彩に敏感な絵描きが思わず後ずさりするようないでたちの男が降りたった。

もみあげにサングラス、ショッキングピンクのヘリーハンセンのブルゾン、Gパンに白い手袋、色彩やかなブルーのひものバスケットシューズ。

グレイはいつもの調子で歓迎のキスをしようととびかかった。バシッとにぶい音がして鼻先を手ぶくろの白い手がとんだ。今まで一度もこんなことをする人はいなかった。グレイは瞬間自分の身に何がおこったのか理解できずはじめて反射的に人に歯をむいた。あわてる様子もおだてる様子もなくその人は小さな低い声で「まて」といった。威厳に満ちた信頼に値する声だった。グレイはしっぽをまいてひれ伏し、その人をまぶしそうにみあげた。一瞬にして力関係を悟ったのだ。その迫力に絵描きもあわてて伏せそうになっていた。

犬とのあいさつはそれくらいにしてお茶をのみながら説明をうけることになった。

●1月6日 訓練士がきた
灰色か
紺の
訓練服
ひややかな目
記録ノート
長ぐつ
こういう人がくるのかと思っていた…
ぼくはよくわからない
生まれてはじめて
出会った この
『ものしずかな厳しさ』は
なんだろう….
と、とりあえず ひれ伏して
……。
ははあ

「訓練としつけはちがいます。犬がとびつかないようにするのは訓練以前のしつけです」

無能な飼い主は赤面し、自分もいっしょにしつけてもらおうと本気で説明に耳をかたむけた。警察犬の特訓の話をきいていると自分もシェパードになったような気がしてきて、犯人追跡とか行方不明者の捜索ができるようになるだろうかと本気で心配になった。牛の骨のかわりにチューインガムをかんでもよいといわれると口の中によだれがたまってきた。

くさりのかけ方、犬のひき方を教わると急に主人に戻って姿勢を正した。

訓練士Sさんの声、話すテンポ、ことばづかいは穏やかだがきびしさに満ちていて説得力があった。ギンギラギンのブルゾンの下はまるでしつけのいい良質のシェパードみたいな人だと思った。目は絵描きのままだったが、絵描きの鼻と心はすでに訓練中の犬だった。

● グレイの訓練がはじまった
（月〜木曜日の11:00AMから20分位）

はじめの2、3日は門から出るのをいやがった。
おとなしく従うようになってからもしばらくは耳がねていた。
あれどこの犬？
会話がきこえないので訓練士が魔法をかけているようにみえる
あんなにキリッとしたかお見たことないね
これが訓練士の前だけだということにまだ気づいていないのんきな家族。
グレイの気がちらないように家の中からじっと見守る一同。

昨日・今日・明日

風

今日の風はなんだかいつもとちがう。

首からせなかの毛をなでていく感じがちがう。やさしい。鼻をくすぐる匂いもちがう。かわいている。耳もとを通りすぎる時、歌のような物語のようなものをささやいていった。ワクワクした。

今日はきっと何かいいことが待っている。

小さな主人たちが両手にパンをもって今すぐ玄関から出てくるか、おとうさんが車のドアをパッとあけて「グレイ、のりなさい」と言ってくれるような、いい予感に満ちあふれてグレイはせなかをのばした。

両手をきちんとそろえておすわりの姿勢のまま鼻先を斜め四十五度空にむけて、まだ起こりもしていないいいことに感謝するように目を細めてお日さまにあいさつする。

ぼくいい子でしょ。ちゃんとこうして待ってる。きっといいことが今やってくる。ほら、ほら、もう玄関でだれかの足音がする。グレイはとびあがりたい気持ちをおさえて、さらにのけぞるほど胸をはってお行儀よく、玄関におかれたまねき犬になって固まっている。

玄関のドアはあかず、足音は遠ざかった。少しして家の奥の方で子どものケンカの声。それから少しして子どもより大きな絵描きのどなる声。グレイはうなだれる……。

ぴんとはっていたひげも急にくたんとなりしゃんとそろえていた両手は所在なく玄関の床をかく。昨日のチューインガムの残りがドロと抜け毛にまみれて半分土色になってころがっているのを、前におしたり自分の方に引きよせたりしてじっと指先をみつめる。

さっきまでの何かが起こりそうな感じはかんちがいだったのだろうか。風が、せなかをなでてくれたのはただの気まぐれだったのだろうか……。

でも、あの感触はなんだかなつかしくあたたかく、それでいてさっぱりしていた。絵描きの家族の感触とはちがう。

子どもたちはばふばふと抱きつくようになでまわすし、おとうさんは毛並をまるで無視してかきまぜるようだし、絵描きときたらまるでグレイの毛を集めて筆にしようとでも考えているのかじーっと毛並をみてはなでたり抜いたりするのだ。

でも、やっぱりだんだんその時が近づく気がする。

グレイは、玄関のたたきを降りて門にむかってすわり直していた。いいことは外からやってくる。風が伝えてくれている。いつもより青く透きとおっている中、どこか淡いピンク色を含んで、穏やかに音楽のような風の声。もうすぐよ、もうすぐよ。

車の音が近づき、門の前で止まった。

そうだった。訓練士のSさんだったのだ。おとうさんの車の匂いとはちがう。子どもたちのなで方とはちがう。絵描きの「おすわりしなさい」ともちがう。

きちんとあいさつして、どこも痛くないようにしゃらんと首にくさりをかけ、ストンストンと規則正しく歩いてぴしっと止まって、そのとおりできたらさらさらさらと首からせなかをなでてくれながら、

「よおし、グレイ、よおし、いい子だ」

とかわいた低い声でほめてくれるSさんが来る時間だったのだ。そして待ちどおしかったの

は訓練のあとでもらえるジャーキーの味だったのだ。

一月十六日。午前十一時。訓練を始めて十日目、グレイの中に体内時計が生まれた日のこと。

こうして グレイは
毎日11時になると 門に
むかって 正座して
Sさんをまつようになった。

そうして この犬は 家族には 期待しない
ことも おぼえた。
おすわり

雨

春だというのに冷たい雨がつづいた。ハナミズキもダイコンスミレもくたっと花びらが葉にくっついてしまってさわやかでない。

雨の日は散歩に行けない。Sさんもこない。庭のボール遊びもない。だからグレイは雨がきらいだ。

「グレイ、ハウス！」

と、すのこの家を指されても入る気にならないから結局玄関の前にいつものようにすわっている。雨が斜めに降りこみ、ぐしょぐしょになってもグレイは動かない。

玄関のドアによりかかっていると、背中を通して家の中の音がきこえる。あ、小Mが歌っている。あ、ピアノの音……あれは大Mの方だ。今日は子ども二人だけの様子……絵描きがいたら、このくらいの雨なら、きっとお散歩につれてってくれるはず……ドアによりかかって空を仰ぐ。だらけているんでも眠いわけでもない。背中で家族の声をきいているグレイ。

実は絵描きは家にいて、眠っているなんてちっとも知らないグレイ。

雨あがりの公園

空がにわかに明るくなった。風もやんだ。葉がぴんと上をむきはじめた。花びらもしゃんと形をととのえた。ドアがあいた。ジャランとくさりの音。グレイははねおきる。たった今モーレツに眠かったけど、おなかもすいていたけど、そんなことはあとで考えればいい。散歩だ。三日ぶりの散歩だ。絵描きがでてきた。ビニールの黒いカッパを着ている。グレイのドロやはねがついているから黒い大きなゴミ袋が歩いているようだ。

フェンスが開く。いつもの角におしっこをし、いつもの家のスミレをなめて（今日はたっぷり雨の味）いつものコースを歩く。いや、今日は絵描きもごきげんがよろしいらしく、手抜きコースでもおそまつコースでもない。

大きい公園にむかっている。三日ぶりの散歩、一週間ぶりの公園だ。しめった土が脚の裏にピタピタすいついて気持ちがいい。水たまりだって平気。草の種をいっぱい毛にくっつけてグレイは歩く。

スピスピと土に草にへいに鼻をこすりつけて匂いをかぐのに忙しそう。Mの匂いをみつけたのか。三日間の雨が匂いをかすかなものにしてしまっているのだろうか。それとも雨あがりの公園は水蒸気と共にいい匂いがムンムンしているのだろうか。

ビスケットの匂い。Mのくつの匂い。一週間前の自分の匂い。風の匂い。土の匂い。鬼ごっこの匂い。公園のすぐわきに喫茶店がある。コーヒーの匂い。向かい側に幼稚園がある。パンツの匂い。遠足の匂い。おひるねの匂い。

スピスピスピスピスピ、グレイはもう何もみていない。地面に鼻をひきずった跡がつきそうなくらいずっと下ばかりむいて歩いている。かくれんぼの声。赤ちゃんの泣き声。Mたちの笑う声。おかしをたべる音。うば車のきしむ音。ぶらんこの音。きこえるきこえる。だあれもいない黒い緑の林の中に絵描きと犬一匹。

空

絵描きは空をながめるのが好きだった。夕焼けをおいかけていると昨日と今日はやさしくつながっているようだった。雲の絵ばかりの展覧会をやりたいといつも思っていた。

巻雲、層雲、積乱雲、もつれ雲、レンズ雲、降水雲、朝顔雲、ちぎれ雲、筋雲、波雲、うろこ雲、うす雲、鰯雲、羊雲、雨雲、畝(うね)雲、おぼろ雲、雲の峰、雲の窓、綿雲、笠雲、飛行機雲、雲のクジラ、雲の波、はぐれ雲、……全部描けたら個展をやろう。

このごろ絵描きは地面ばかりながめてくらしている。朝な夕な日は地面をはうように歩く。グレイは人様の家のかきねに鼻をつっこんではふんふん、植木屋さんの作った枝と葉のかたまりにであってはふんふん、駐車場、畑、公園、バス通り、銀行前、スーパーの前、全ての道を鼻でそうじして歩いてく。だから絵描きもグレイと同じ道を目でそうじして歩いていく。

ぽっかりと空き地にたたずむと、グレイは気持ちよさそうにおしっこをし、絵描きはほうとため息をつき空を仰ぐ。季節の風がほおをなでる。雪も雨も、桜吹雪もたんぽぽのわた毛も、風も鳥の歌も、空から舞いおちてくると思っていたが、それは地面が吸いとっているからららしい。展覧会の絵はいっこうにたまらず絵描きはグレイにひかれて今日も、天と地の間をうろうろしている。

訓練士とグレイ

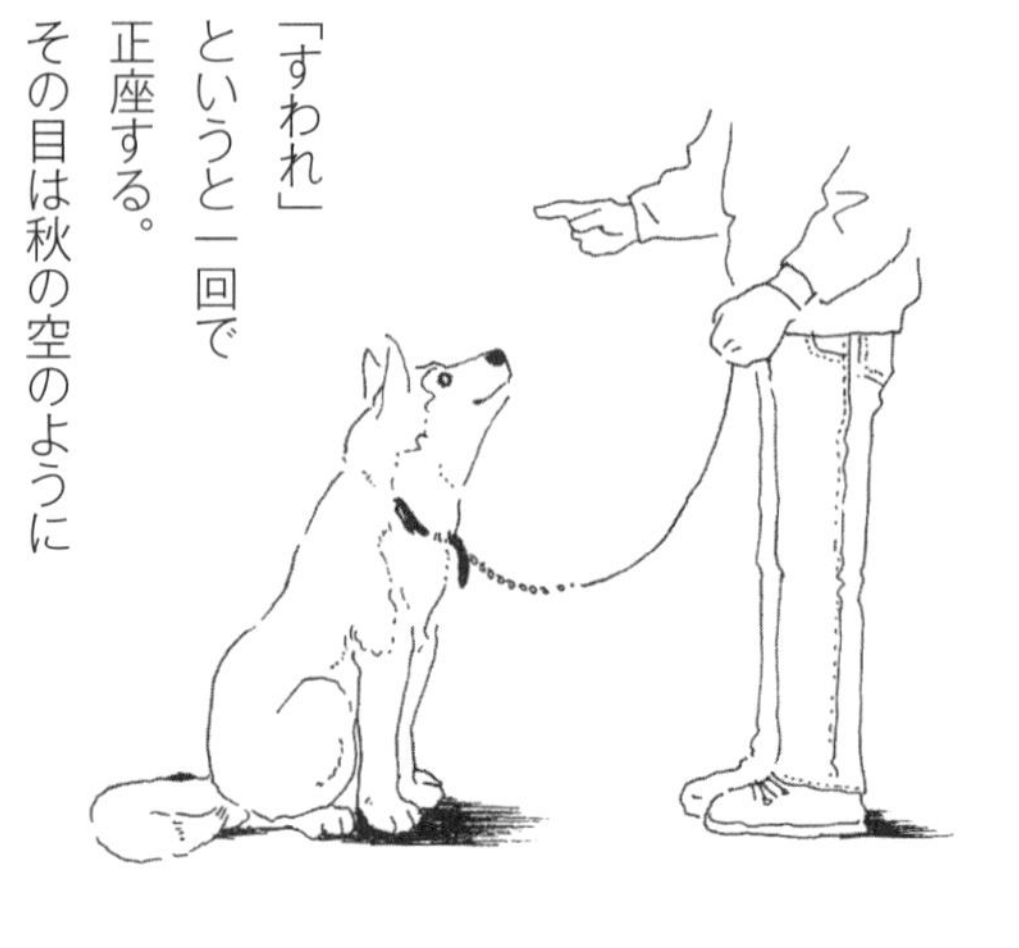

「すわれ」
というと一回で
正座する。
その目は秋の空のように
澄んでどこまでも
すなおだ。

絵描きとグレイ

「すわれ」

「おすわり」

「すわりなさい」

……何度もいわれ
ようやくおかますわりをする。

門を出る時
けしてSさんを
おいこすことはない。
三歩下がって師の影ふまず。

門をあけた瞬間に
もう絵描きを
ひきずっている。

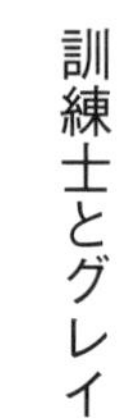

訓練士とグレイ

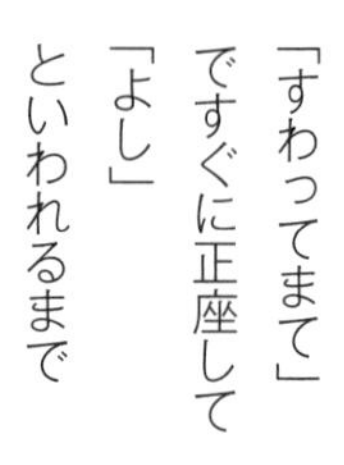

「すわってまて」
ですぐに正座して
「よし」
といわれるまで
じっと
まってる。

絵描きとグレイ

「すわってまて」

「たってまて」

「そのまま」

全部同じく
きこえるらしい。

グレイは
プライドが
高いから

なかなか
「ふせ」
に同意しなかった。
それでも
Sさんが
やると

おまえ
それでは
くずしすぎ
なんだよ

訓練士とグレイ

グレイは人が大好き
とびつくくせがなかなか
なおらない。でも

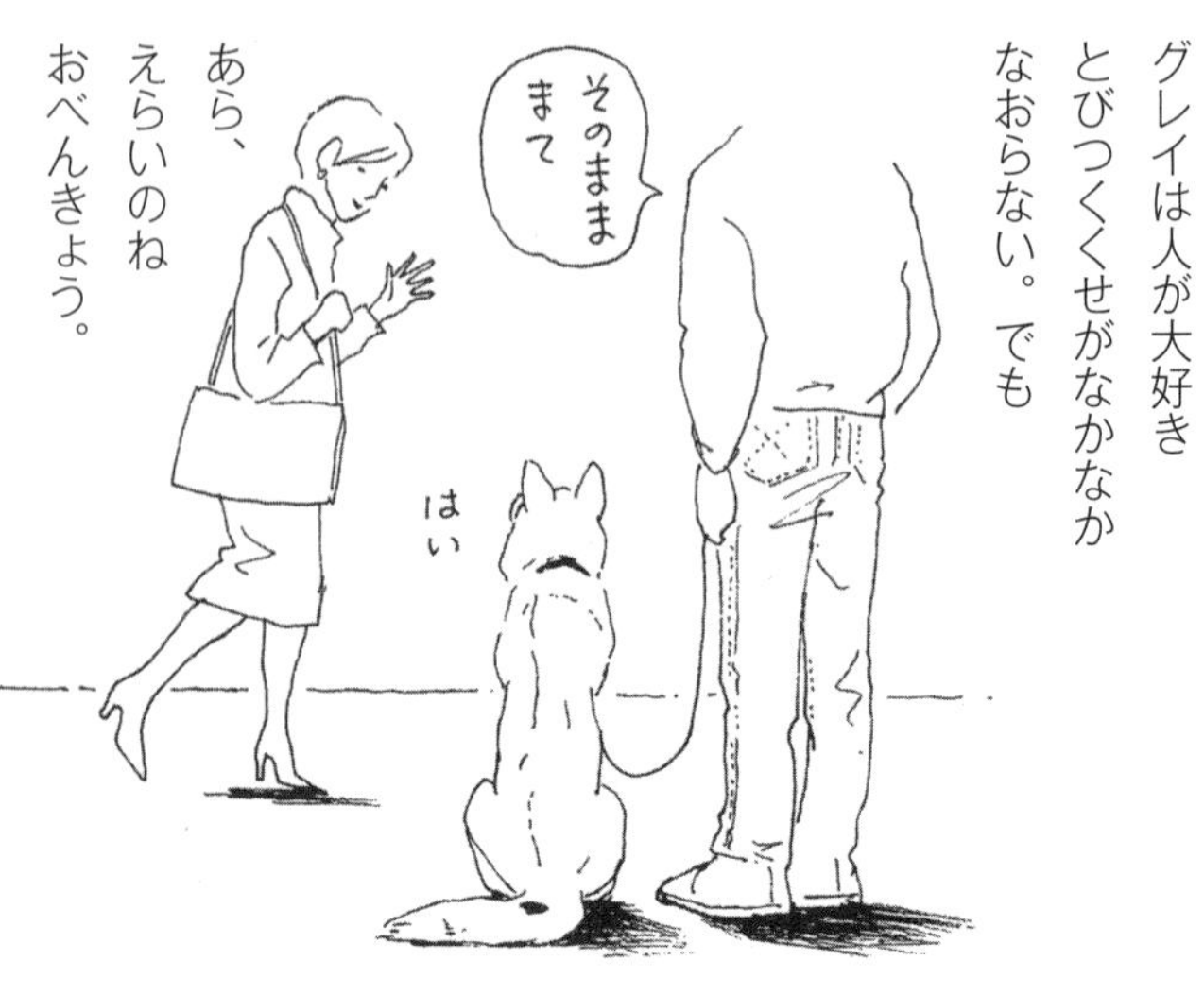

あら、
えらいのね
おべんきょう。

絵描きとグレイ

散歩のと中
だれかれ
かまわず
よっていく。

人がくるたびにとびつく
新聞屋さんにしっぽをふり
クリーニングやさんにだきつき
郵便やさんにすりより
宅配便やさんのお尻に鼻をつっこむ
どろぼうがきても
グレイはきっと
歓迎してキスするだろう

フレンドリーで
アミカルマンで
友情あふれる
グレイよ！

のら犬

「たいへん、グレイがただののら犬になってるよ」

早朝、庭にでたMがとびこんできた。ガラス戸をのぞくと、いつのまにか首輪もくさりもはずれていて、のびのびと庭を歩きまわっているグレイがいた。

のら犬のグレイは 葉っぱの一枚一枚に
うれしそうに しっぽをふって あいさつをしていた。
首輪がないと 風景まで ちがって みえるの
かもしれない。

グレイの歌

ひとりぼっち

春の雨は降っているのかいないのか……雪やなぎがまるで泡につつまれたようにもくもくの満開だった。もくれんは盛りの美しさに輝いているものとすでに茶色にうちひしがれた花弁を雨の中にさらしているものとが共存していた。つばきのまっ赤な花が路上に乱れてつもっていた。もくれんの後から咲くとばかり思っていたこぶしが深紅のがくからいくつもいくつも白い手を開いて空をつかもうとしていた。

春は計算通り進んでいくとは限らない。そこに自然のなせる業があり、環境との折り合いがあり、その下で目がおどろいたり鼻がぴくぴくしたりする。絵描きがいる。子どもがいる。犬がいる。

いつも散歩で行く公園ではれんぎょうが燃えるように黄色い帯を作っていた。梅はさすがに終わった。三分咲きの桜がお赤飯色になりはじめている。

毎年めぐってくる春の息吹が愛しいと思える瞬間は、ふと気がつくと別れや哀しみを含んでいる。小さなものだとしても。

今日、絵描きと子どもたちは北斗星（寝台特急）にのって北の国へたのしいはずの旅に出る。建築家は何十枚もの設計図と格闘するためにその間事務所に泊まりこむという。三人のワクワクする思いの向こう側に心をひきさかれるようなせつなさがある。

グレイをおいていく。

どこへ行くにもいっしょだった。夜おそくなる予定の時は家族の誰か一人が家に残った。建築家や子どもがいない日中は絵描きがいた。絵描きが仕事で出た時は子どもたちがいた。夫婦とも泊まりがけででかけた時は祖父母がきてくれた。幸せな犬は一度もこの家族から長い不在を強いられたことはなかった。

今日は早朝からこぬか雨。絹糸のようにみえるかみえない銀の糸がグレイのせなかに降りそそぎ、庭の緑をぬらした。数時間後にくる一週間の別離も知らないで、グレイはいつものようにドアをたたき、ベランダのガラス戸からへやをのぞき、甘えた声で鳴いていた。

今日もいつものように食事がおわったらひょっとして畑の方に散歩に行けると思っている。Mがボールで遊んでくれると思っている。Sさんがジャーキーもって来てくれると信じている。

でも今日からグレイはひとりぼっちで獣医さんの所にあずけられる。

雪の花だ
ぼく、これがすき…

おいていかれて

今日は変だ、なにからなにまで。思いかえせば、朝大きいMが散歩につれだしてくれた時からだ。

いつもならフェンスからとびだそうとするぼくを後ろにひっくりかえるくらいきつくひっぱるのに、それでも走りつづけようとすると地面に足をふんばって自分の横に並ばせようとするのに、でも今朝はちがった。

フェンスを開けるなりMはぼくより先に走り出した。雨が降っているからかな、とはじめは思った。でもMは雨をいやがる様子もなく、いや、いつもよりていねいなくらいにたての道よこの道を全部走り、よほど気分のいい時にしかつれていってくれない畑の方まで走りつづけた。ぼくはベロを口の横から右に左にはみだしながら夢中で走った。体から出る熱で雨はゆげになってぼくの銀色の毛からたちのぼった。気もちがよかった。

家に帰るとMはロールパンを一コもってきてくれた。散歩に行く前に小さいMがくれたばかりだし、その一時間前に朝ごはんのドッグフードを山もり食べたばかりだった。パンで少し遊んでからぼくは庭にうめた。後で食べよう。

昼近くになると今度は絵描きがでてきた。

「散歩に行こうよ。グレイ」

絵描きも傘をさそうともせず、どろの足でとびついたぼくをしかりもせず、フェンスを開けるなり走り出した。

「？………」

でも、ぼくは走るの大好き犬だからまた舌をベロベロはみ出していっしょに走った。

二人とも今日はどうかしてる。「走ってはイケナイ」「とびついてはイケナイ」「マテ」くさりでぐっと首をひきしめられながら、たくさんのことばにしたがいつづけなければならないいつもの散歩とえらいちがいだった。そして家に戻るとまたロールパンが目の前にさしだされた。

十分走り回って汗もかいて食べるものもいっぱいあってもうそろそろほんとうにおひるねしようかな、と思っていると、今度は三人がぞろぞろと出てきた。みんな手に大きなふくろのようなものを持っていてどうもそれはうんちぶくろのようでもないしおまけに全員せなかにまでなにかくっつけていた。そしてみんなでいやにまじめな顔をしてぼくの顔をみつめたのだ。

大きいMが頭をなでながら「かわいそう」とつぶやいた。たしかにぼくはその時かわいそうなくらいお腹がはちきれそうだった。次に絵描きが「わかっているのかなあ」と言った。よくわからないけど今とっても眠いということと、この三人が今日はいつもより変だということはわかった。

最後に小さいMが首に抱きついてきてぐりぐりと頭をなでまわし、「ごめんね。でも、いってくるよ」と言った。

そして三人は洋服までつながったふくろの中に頭をかくし耳のない変な動物みたいな姿にな
って、ぼくに手をふりふり出て行った。

おとうさん

ぼくはもうお昼ごはんもほしくなかった。おなかはいっぱいなのに胸の奥がからっぽみたいだった。

「帰ってくるよね。すぐ帰ってくるよね」

つぶやきながら門の外ばかりみていたら車が止まった。おとうさんの匂い。

「どうしたの？　こんな時間に」

おとうさんは玄関に入る様子もなくまたすぐでかけるようだった。ぼくのしっぽがだんだんたれていく。でも、おとうさんはくるりとぼくの方をむくとやさしく頭をなで、くさりをはずしてくれた。

「グレイ、のりなさい」

おとうさんと二人だけでどこか行けるなんて、ほんとに今日は変な日だ。でもうれしい！三人がいなくてもいいや。おとうさんがいるもん。ああ、さっきうめたパンもってくればよかったかなあ。ぼくは後ろの席からおとうさんの肩にだきついた。

「おとうさん、だいすきだよ」

はしゃいだぼくが行きついた所はみたこともない来たこともない大きな建て物だった。たくさんの犬や猫の匂いと薬の匂いがした。そして白い服を着た人が何人もいた。ぼくはオリに入れられた。

おとうさんはオリのある部屋の前で手をふった。今までみたことないくらいやさしい目がドアのむこうに消えた。

ぼくは泣いた。叫んだ。吠えた。オリをかじりまくった。白い服を着た男の人が入ってきてぼくに注射をした。そしてぼくはいつのまにか眠ってしまった。目がさめるとやっぱりオリの中だった。でもぼくはもう泣かなかった。おなかもすいていなかった。何をする気もしなかった。ただぼーっとすわったり眠ったりしていた。ぼくもうかじらないから、すのこのおうちに帰りたいよ。

急になつかしい匂いがして何だかよくわからないうちにしっぽがぱたぱたと動いた。そしてドアがぱっと開き、Sさんが入ってきた。しっぽが三つも四つもあるような気がしてその全部を体中の力をこめてぼくはふった。

Sさんはぼくにひもをつけると屋上につれていってくれた。

「あっちの方にグレイのおうちがあるんだよ」

ぼくはSさんの指さした方にむけて鼻をスピスピならした。少し雪の匂いがした。

「さあ、今日の訓練をはじめよう。毎日きてあげるからね」

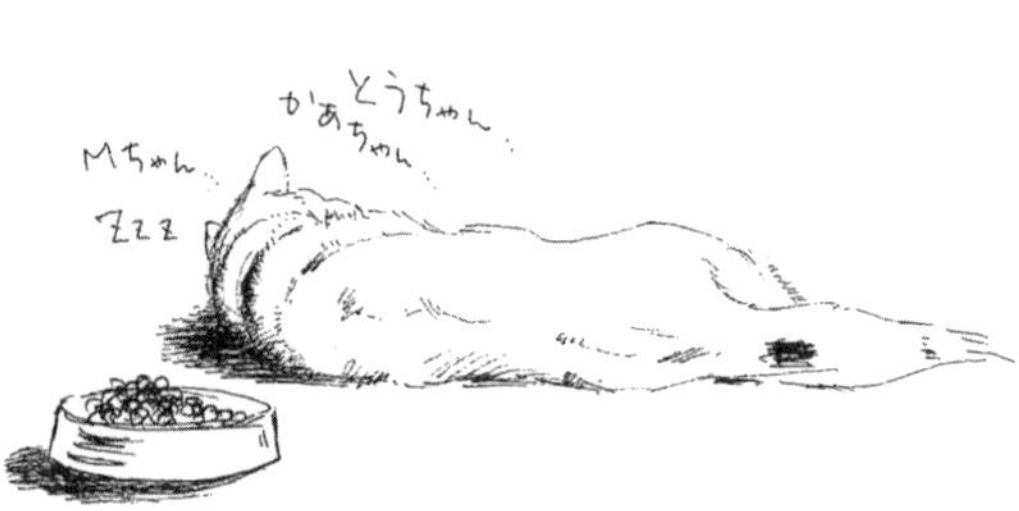

それから四日間ほんとうに毎日Sさんは来てくれた。そしておとうさんも二回位顔をみにきてくれた。おとうさんは忙しくておふろにも入ってないのか、ぼくの大すきなきたない匂いがした。獣医さんちでもおなかがすくようになってぼくは少しずつ出されたものを食べるようになった。白い服を着た人たちはみんなやさしい人ばかりだったし、ぼくにはおとうさんもいる。Sさんもいる。でも夜になるとやっぱり三人の声や匂いを思い出して少し泣いた。

オリの中で五つねた次の日、「グレイ、グレイ!」というなつかしい声がきこえた。オリの扉が開かれ、ドアのむこうに黒いやさしいふたつの目があった。

ぼくはぼくの庭に帰ってきた。

「おかあちゃん。Mちゃん。Mちゃーん」

庭もうちの中もしーんとしていた。トナカイさんはいつもと同じ場所でぼくのことをまっていた。すのこの家はやっぱりぼくにかじってほしい様子だった。ぼくはかじった。ベンチもかじった。草や木の芽もたべた。玄関には一週間前のぼくの匂いと三人の匂いがへばりついていた。三人はきっと帰ってくる。ぼくだってこうして帰ってきたんだもの。ねえ、おとうさん。

「元気だったか? グレイ。もうそのパンは古いよ」

おとうさんはにっこり笑うとぼくに新しいパンをくれてまた車で出ていった。

そして久しぶりの外の夜がやってきたころ、雪の匂いといっしょに三人の匂いが近づいてきた。しっぽがちぎれそうだった。

季節はずれの
雪が降った

ジャック

絵描きと子どもたちが初めてその犬をみた時、三人はためいきのつきっぱなしだった。公園の水道で飼い主は手を洗っていた。そのそばで「おすわり」の姿勢を何分でもくずさないで保っている犬がいた。

黒と白のみごとな毛並、大きなしっぽ、片方が黒もう一方が青い目のハスキー犬は、通る人がどんな風に声をかけても、さわろうとしても、彫刻のように形がくずれなかった。

日曜日の公園は人でごったがえしている。その雑踏の中を、人にとびつきもせず、吠えもせず、わき目もふらず、ご主人の横にぴたりとついて犬は歩いていった。

気品に満ちたふるまい。ライオンのようなかんろく。三人はただただためいきをつき、「あの犬にまた会いたい」と思った。

家に帰ると全体灰色のみすぼらしい犬がばふばふとだきついてきた。

特訓

公園でみた犬の姿がまぶたから離れなかった。グレイよりずっとずっと大きかった。きっとオスだろう。純黒の毛と太いしっぽは、強さの象徴のようだった。それでいて四本のまっ白い脚はグレイより細いかと思われるほどに優雅に長く若い王さまの風格があった。

もう一度会いたい。グレイにも会わせたい。

翌日、絵描きは、訓練士のSさんがくるとさっそくその犬の話をした。

「ああ、それはきっとジャックだな」

Sさんも知っているくらいだからきっとこの辺では有名な名犬なんだ。あんなに訓練としつけのいきとどいた犬みたことない。ハスキー犬はばかだの情がないだのと、よく週刊誌の記事になっているけど、あれなら盲導犬にだってなれる。うちのグレイとはえらいちがいだ。絵描きは、Sさんが来た時だけ優等生で、誰かれかまわずばふばふとびつく自分の犬をじろりと見おろして言った。

「ジャックもぼくが訓練しました」

「えっ……」

「ぼくが七ヶ月訓練し、そのあとはご主人がきびしく訓練をつづけたのですよ」

「ご主人が……」

Mたちはあいかわらず小さい体で大きくなったグレイを散歩させている。庭で遊ばせ、「オスワリ、オテ、マテ」も厳しく守らせてから食事を与えている。特に大Mは、Sさんに教わった通り脚の横にぴったりグレイをつけて脚側歩行を守っている。気まぐれに走ったり立ちどまったりなんかしていない。子どもたちはすでに立派な主人たちなのだ。

その犬は
首輪をはずされているのに
「おすわり」の姿勢のまま
じっと ご主人を
まっていた。

こんなことは
死んだって
グレイには
できない。

そして、その次の日旺日、
こともあろうに
グレイは その犬にとびかかろうとした。

2まわりも大きさがちがう その犬は
『ぼうや おととい おいで』という感じで
とりあおうとしなかった。これがジャックとグレイの
出会いだった。

問題は自分か？

犬は主人を自分で決めるという。家族が多い場合は自分より弱い立ち場や甘い態度の者をいち早く感じとり彼らより優位な地位を確保するという。

絵描きは犬をねこかわいがりしてきたつもりはない。しかし現実にSさんと自分の間でグレイはあまりにも二重人格者だ。

「Sさん、私にもっと特訓してください」

Sさんは辛棒強く、グレイより勘の悪い飼い主に、ひきづなの持ち方、さばき方、指示の出し方、歩き方、停止の仕方、禁止の仕方等をくり返しくり返し教えるはめになった。

ダンベル

「マテ」「イケナイ」「アトへ」「スワレ」「フセ」「タテ」「ヨーシコイ」「チンチン」等ひととおりグレイはマスターした。Sさんの時にはほぼ完ぺきに、絵描きの時には五十点未満位で。

「そろそろ物品持来の訓練に入りましょう」

「ブッピンジライ?」

「ものをとってこさせるんです。グレイは持来欲が強いから早くおぼえるかもしれません」

確かにグレイはものに対しての好奇心と占有欲は強い。ボールなどは一度くわえたらどんなに鼻をたたいても口をあけようとしない。だがこの訓練は「くわえる」「口から出す」ことが基本だから少々心配。

特訓をうけてつくづくと感じたのだが 私は飼い主とか主人というよりは 犬の方に近かった。「まて」と いわれると びくっとし、ひもをひきながら なんだか自分の首が痛くなってきて、気がつくと だんだん鼻が地面に近づいている。私の前世は 犬だったのかもしれない。

絵描きの家の庭にはグレイの占有欲を満たすいろいろなものがうまっている。ボロ布、パン、かぎ、くさり、木片、ボール。しかし忘れっぽいせいかうめたままのものもいくつかある。何日もくさりがみつからずしかたなく絵描きが新しいのを買ったあと何かの拍子に庭のすみから現れたこともあった。好奇心といっても全てに興味を示すわけでもないから、これも心配。

訓練初日、Sさんが木製のダンベルをもってきた。鉄アレーの両方の球を四角にしたような形で、まん中の口でくわえるところにビニールテープがはってある。グレイはビニールがきらいだ。ふと不安がよぎった。

ガラス戸越しにみていたが、グレイはSさんのもってきたダンベルがひどくいやそうな様子だ。

「訓練士と犬の根くらべなんです。たいていの犬はダンベルは苦手なんです。持久戦です」

グレイは一週間してもいっこうにくわえようとしないどころか、Sさんの手をさけるようになってきた。絵描きにとってはのん気な観戦だが、訓練士にとっては信頼関係がくずれるか否かというほど大変な事らしい。意欲のない犬にとって「クワエ」「ダセ」は基本というよりは強制になってしまう。そして持来ができなかったという自信のなさは他の訓練や生活にも影響するという。

「このダンベルには他の犬たちの汗と涙と、怨念が満ちみちているんです。グレイは感受性が強いから敏感に感じとっています」

グレイ専用のダンベルを作ることになった。

Sさんに教わった通りま新しい白木のダンベルのまん中にグレイの好きなチューインガムをテープでまきこんだ。おりしもちょうど六月三十日、グレイのたん生日だった。ダンベルの側面に『グレイ満一歳おたん生日おめでとう』と記した。

ここまでやると絵描きにも飼い主としての自覚が少しずつめざめはじめてきている。Sさんが来ない日も朝夕、ダンベルをグレイの口の前にもっていってみた。しめた、くわえた。ボトッ。くわえても次の瞬間、「ダセ」の命令もしないのにグレイは口からダンベルをおとす。

二、三週間グレイにとってもSさんにとってもイライラする日がつづいたが、今まで築いてきた信頼関係がくずれるのを防ぐためにこの訓練は一時中止になった。

何日かしてダンベルからおたん生日という字が消えかかっているのを絵描きは発見する。そう、グレイはひそかに夜中にガジガジとダンベルを占有してかじってあそんでいたのである。大好きなのにチューインガムのあるまん中のビニールの所をさけて両端の木部だけをくわえたりかじったりしていたらしい。占有欲だけでは持来はできないらしい。それにしても初めてグレイのなかのがんこな部分をみたような気がした。

いやだもん
いやだってば
ぜったい
いやだ
どうして
わかんないの？
もう…
どうして
くわえないの？
もう…

GORi
GORi
GORi
グレイの夜の
ひそかな楽しみ

グレイの歌

犬には汗腺がない。舌と足の裏の肉球で体温調節をするしかない。

暑い日、やみくもに走った後、長毛短毛二枚重ねのコートの下で汗のいき場がない。あえぐしかない。

はっはっはっはっはっ
はあはあはあ　はあはあはあ
ぜっぜぜ　ぜぜこぜぜこ　ぜっぜっぜ
はびはび　ぶはぶは　ばっばっばっ

車のわずかな日かげに身を細くして入ろうとする。五十センチ位はあった日かげの幅も一時間後には半分になる。ハスキー犬は大きな体をさらに細くしてかげの幅になろうとしてあえぐ。

風をきって走ったら気持ちよかった。でも永遠に走りつづけることはできない。立ち止まる。

汗のいき場がない。

はっはっはっ　はびはびはあ

歌いたいわけではないのに荒い呼吸はリズムをとって歌になる。だらりと右へ左へゆれてはみだす長い舌だが、一枚では足りない。

夏の犬

ある朝ドアをあけるといつものグレイとちがうかおがあった。黒い瞳と鼻は同じだけど、銀色に光る毛とたくましい二十キロ以上の体は同じだけど、鼻づらが天狗のようにふくらんだ犬がいた。

「どうしたの。おまえそんなかおになっちゃって」

どんなに食べすぎたってこんなにはなるまいと思うほど鼻柱がふたまわりも太くなっている。いつかつめをみてもらったことのある獣医さんの所につれていくと、一目みるなり「ジンマシンですね」といった。

「ジンマシン？　犬が？」

「暑さで弱っている時にふだんとちがうものを食べたとか、ストレスがたまっていた時とか、でますよ」

どうぶつのお医者さんは一本五千円の注射を目にもとまらぬ早業でグレイの首にプスッとさした。痛さを感じるひまがなかったグレイはぼく何しにきたのかな、というかおをして家に帰った。二、三日してはれはひいたが、真夏日熱帯夜が連日連夜つづいた。二重のコートをぬげないグレイは毛並の下は汗もとジンマシンだらけだったのだろうか。一週間後ドアをあけるとまた天狗のかおの犬になっていた。

訓練士のSさんが心配して、ちょっと遠いけど春休みにグレイをあずけた病院に行ったらどうか、と言った。あそこだとSさんも毎日行っているから自分も院長から直接説明もきけるし、とも言ってくれた。

病院に行くと直射日光の紫外線によるアレルギーだと診断され、一週間分ののみ薬をもらって帰った。

三、四日でやはりはれはひいたが、また二週間ほどしたら大きなかおになっていた。グレイもそうとう気分が悪いらしく、しょっちゅうくしゃみをしたり前の手でかおをかきむしっている。鼻の中に何かできているのかもしれない。Sさんと相談してレントゲンをとってもらうことにした。

鼻の断層写真をとるとはいっても犬はじっとしていないから全身麻酔をかけなければならない。組織検査や麻酔からさめる時間等を考えて一泊入院することになった。

翌日獣医さんに車で送られて麻酔のまださめきらないグレイが帰ってきた。前足の注射された所が四角くはげになって鼻の頭にきいろいくすりがぬられ、よっぱらってケンカしたあとの天狗みたいにふらふらと庭にたどりついた。

やはり紫外線によるアレルギー皮ふ炎で、鼻柱内部の悪性のできものではなかった。ほっとして心も軽くなったがさいふも軽くなった。北の犬が酷暑の東京で生きることは予想以上にたいへんなことだった。

グレイのかおは夏の間中ふくらんだりしぼんだりしていた。

初めての海でグレイは 彫刻になって
しまった。ようやくふりむいた その顔は
目が三角になって 耳がねていた。

ぼく
どうしたら
いいの？

失恋

秋の訓練競技会が近づいた。といってもひもをつけるとたちまちそりひき犬に変身してしまうグレイには関係ない話だがSさんの教え子（犬）たちがたくさん出場する。

アマチュア部門では飼い主と犬が、プロ部門では訓練士と犬がパートナーであるが犬の団体競技などもある。十数頭のシェパードが人文字ならぬ犬文字を作ったりするのだからすごい。

春の明治公園の競技会には、絵描きたち四人はよその犬たちとSさんとがみたくてでかけた。その日グレイをおいていったのは正解だった。駐車場ではどの車にもケージがつみこまれていて、シェパード、ラブラドール、ゴールデンレトリーバー、ハスキーなどがその中でじっと出番を待っていた。出場ま近な犬たちもひもこそついているが群衆の中でも脚側停座や伏せをしたまま待機している。バウバウ吠える犬もいなければグレイのように誰にでも親愛の情を表す犬もいない。パートナーとの深い信頼関係を次々と目の前にみて四人はただただため息をついていた。

Sさんは白いワイシャツにネクタイ姿（！）で現れて教え子のラブラドールの訓練の成果をびしっときめてみせた。

Sさんは十年以上訓練士をやっている。訓練所に入所し初めて担当した犬の話がおもしろい。

くじびきで決めたのだが、めしよりも何よりも人をかむのが好きというシェパードがあたったのだ。Sさんは犯人襲撃訓練につかうプロテクターを常に右手にはめ、二、三歩歩いては「ほら、かめ」と言わんばかりに右手をさしだしながら慣らしていったそうだ。その犬はひととおりの訓練が終わったころすっかりかみぐせがなくなったというが、仰々しい格好で「マテ」や「フセ」、物品持来などの平和な訓練をしている姿を想像するだけで、絵描きは絵本ができそうな気がしてひとりニヤニヤするのだった。

秋の訓練競技会にそなえて何組かの飼い主と犬がSさんちで特訓をうけている、ときいた絵描きはある日グレイをつれてでかけた。

Sさんちは歩いて三十分位のとなり町だが、グレイはだんだん近づくSさんの匂いを感じたのか初めての道を不安な様子もなくふんふんと道路そうじしながら歩いた。

Sさんちの門が近づくと犬の声と匂いがした。Sさん自身がかっている犬、集まった犬たちがにぎやかだ。しかしみんな訓練のゆきとどいた犬たち。グレイが空気を乱さないかと、そればかりが心配だった。

ところが、グレイは今日も自分の訓練だとでも思ったのか、Sさんをみつけると反射的に足もとに座り、しっぽをふって待っているのだ。

「こんな所にいたの？　だめじゃないの。今日はここでお勉強なの？」

とでも言いたげに、まっすぐな瞳をSさんにむけている。そこへグレイよりひとまわりもふたまわりも大きいラブラドールやゴールデンレトリーバー、先日ジャックのいる公園でグレイがあやうくケンカをしかけそうになったミニチュアシュナウザーがいっせいにばふばふと近づいてきた。

（あっグレイがとびかかる）絵描きはひもをぐっと強くにぎり直した。ところが、一瞬ギョッとしただけでグレイはすぐにうなだれてしまった。Sさんが他の犬たちの制止にかかり、犬たちがお行儀よくおすわりした様子をみてグレイはあきらかにショックを受けたようだった。よその犬たちがあまりにもおりこうだったからではない。Sさんが、Sさんが自分だけの先生ではないということを、初めて知ったのだ。

グレイにするのと同じようにSさんはどの犬にも公平にきびしくしかったり頭をなでたり話しかけている。

「ぼくだけのSさんじゃなかったんだ」

初めての失恋のショックが大きかったのか、一時間以上よその犬たちの訓練を見学した後また三十分もかけて歩いて帰った疲れからか、家にたどりつくなりグレイはぼろぞうきんのようにねたおれて晩ごはんも食べなかった。

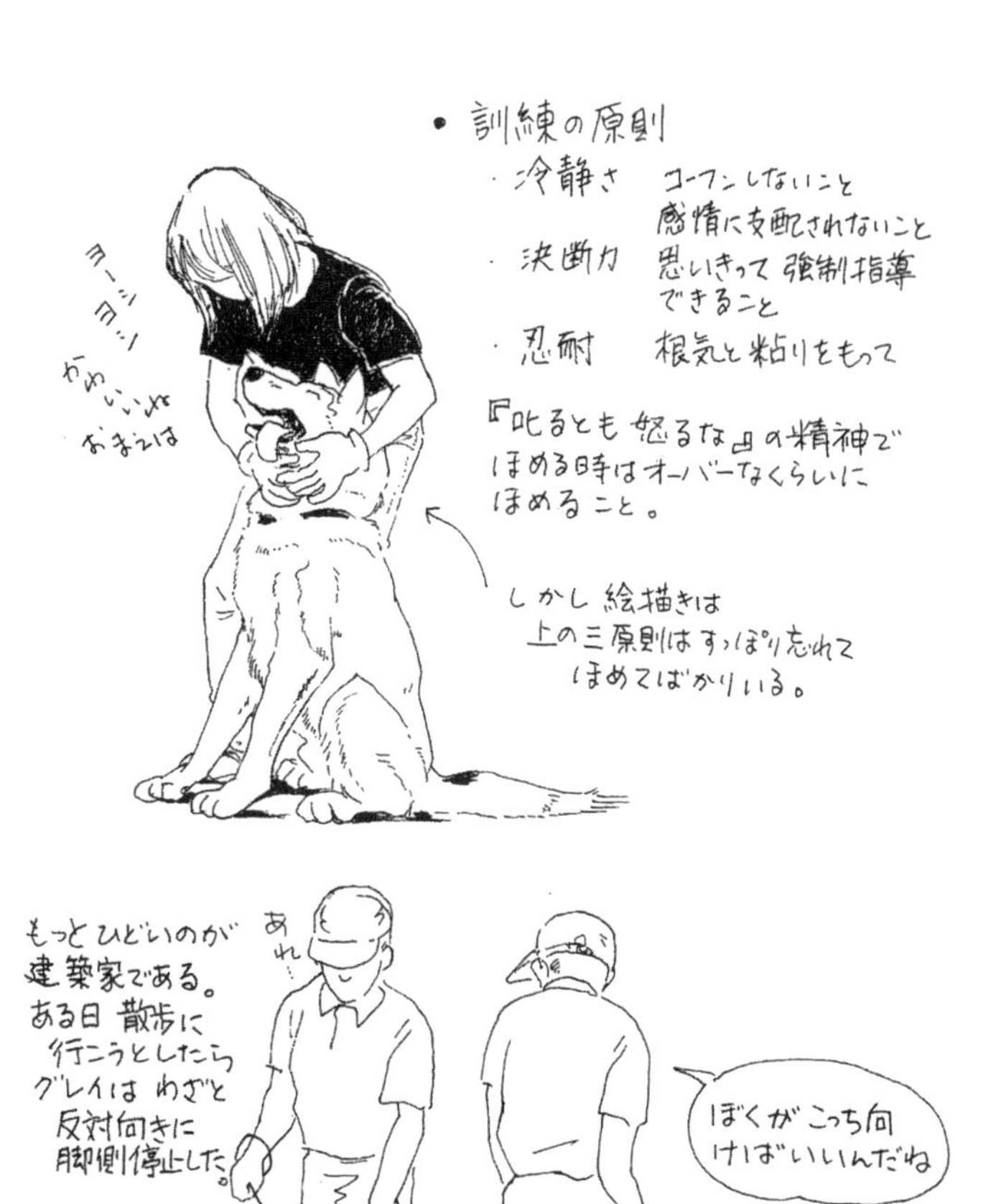

もっとひどいのが
建築家である。
ある日 散歩に
行こうとしたら
グレイは わざと
反対向きに
脚側停止した。

あれ…

ぼくが こっち向
けばいいんだね

あっそうか

と言って自分が
Uターンした。
めったに接触しない
と、このように犬に
もてあそばれる。

・襲撃訓練

犯人の抵抗あるいは逃走を阻止するために咬捕させる訓練。訓練者は 闘争的なしぐさで犬に対し右手の防ぎょ布をかませたまま 左手で犬の頬を押しやったり鼻や耳先などをつまんで犬を おこらせる。

右うで前部をかむように
教えるのは 犯人の利きうで
を封じる意図から。
たとえ相手が犯人でも犬が
犯人の体の所かまわず傷つける
ようなことは さけなければならない。
Mたちもしょっちゅう こうやって
遊んでいるが自覚しないうちに
しゅうげき訓練をやっていたのか。
そうだとしたらSさんには言えない。

○月×日

北の風が吹く日、私とグレイはおちつかない。あまりにもいろいろな匂いが運ばれてくるからだろうか。

季節の境のさまざまな匂い、雨のはじまりの土の匂い、雪の降りそうな空気は目の奥がきしむような匂い、二月の凍った夜道は刃ものの匂い、日をいっぱい吸った雪の青空とお日さまの匂い、ぼたん雪はうす桃色のほこりの匂い、粉雪はかすかな本の匂い。

匂いにはいつも色や肌ざわりがあった。私は匂いをおいかけているうちに絵描きになったのかもしれない。犬は白黒の色覚しかもたないから、グレイはどんな匂いをかいでも犬のままでいられるのかもしれない。

グレイと共に生活するようになって一年以上が過ぎた。この新しい家族は私にとって神秘のかたまりだ。

夏の紫外線で天狗になる。舌と四つの足の肉球で体温調節する。緊張するとあくびの連発。ビニール袋がこわい。グレイは涙を流しおならもした。

毎日スピスピスピスピスピ鼻で道路そうじをしながらグレイは何を考えているのだろうか。教えておくれ、と聞いてもグレイはただまっすぐな瞳を私にむけるだけだ。

グレイは、
私に
風をおいかけさせ
季節をおいかけさせ
時を忘れさせた。
グレイは
私を
ぼんやりにし
夢想家にし
探険家にし
即興詩人にした。
私は
欲をなくし
のんきになり
おしゃれを忘れ、
絵を描くことさえ忘れそうだ。

遠い昔
私は
犬だったことを
思い出す。

冬の気配と共に日増しに元気になってくるグレイは、今日も鼻を北の方に向けて一日の予定をたてている。

〝犬が星見た〟という本が
あったが 私もだんだん犬科の
感性になってきたような気がする

グレイがまってるから

私は取材で旅に出るたびに、ああここにグレイがいたらな、と思うようになった。野原を歩くとここを走らせたいと思った。木もれ日の山道を歩くとしげみに見えかくれしながらうんちする姿を想像した。潮風に目を細めながらスケッチしていると海の中で彫刻になっているグレイが現れる。

雪の中ではことさら想像力が増し、そこら中で出会う犬は全部グレイにみえた。降りしきる雪の中を音もなくしっぽをふりふりかけ回るグレイ。どこまでも白い平野を腰までうまりながらそれでも前へ前へ行こうとするグレイ。きっと私の方をふり返りながらも、黒い鼻を光らせてまっ赤な舌を口の両わきからはみださせてゆげのような息を吐きながら走るだろう。ひもを引いていたら私はそりのようにひきずられるだろう。そう、グレイはシベリアの犬、雪がいちばん似合っているのだ。

歩きすぎて足が痛くなる。今ごろMたちと散歩しすぎてつめを痛めてないかしら。ひきづながはずれて車につっこんでいったら？　宅配便の人や近所の子どもをかんだりしていたら？　カエルを食べて吐いてないだろうか。火事になったらワイヤーをかみきれずにつながれたまま犬の丸焼きになるのだろうか……悪い想像力というものはどんどん拡大できるものらしい。

電話をする。

「あ、おかあさん今どこ？」

　Mの声。

「グレイは元気？」

「うん。取材たくさんできた？」

「グレイのえさを忘れないでね」

「あした帰るよね。ねえ今日は何を食べればいいの？　私たち」

「そんなこと自分たちで考えなさい。それよりグレイの水もきらさないでね」

「うん。今日体育の時間にね……」

「あ、散歩の時うんちぶくろもちゃんと持っていくのよ」

　もう全然会話になっていない。

　守ってやらなければならない存在ができた時、人は強くなる。子どもたちは私に守られる身から守る側になった。そし

てグレイに対してめばえた小さな保護者たちの本能は私にもむけられた。

「おかあさん、スケッチたくさんしてきてね。グレイも私たちも大丈夫だからね」

「うんうん、ありがとう」

　再び旅先でスケッチ帖を開く私。あんなに後ろ髪をひかれる思いで出てきたのに、ひとたび風景とスケッチブックの世界に溶けこむと今度は現実にもどるのにひどく骨がおれる。一本の草ひとつの花の前でたたずみ、光る川面の音楽をきき、雲の変化に胸をおどらせ、時を逆のぼり石柱の歌に耳を傾け、いつのまにか絵描きはおいてきたものたちを忘れはじめる。絵描きとはやっかいなものだ。

　一匹の黒い犬が畑を横ぎっていく。田舎の犬は首輪などついていなくても一日外で遊んだらちゃんと家に帰るらしい。「クロ」「ブラック」などと思いつくままに声をかけてみると、めんどくさそうにふりむいた。「トマレ」「マテ」の合図もきこえないふりするグレイを思い出す。

遠くで口笛が鳴った。黒い犬はしっぽをふり、畑を渡ると光るススキにふちどられた村道にむかって走っていった。ひもつきのグレイの姿が黒い犬の消えたあたりに重なる。東京にはそりひき犬のつっ走れるような道はどこにもない。

グレイ、おまえと私は似ている。おまえに首輪があるように、私にもまた帰るところがあるようだ。ひもつきの私は苦笑しながらスケッチブックをリュックにしまう。子どもたちがまっている。そして……

グレイがまってるから。

一九九三年『グレイがまってるから』

グレイが何をまっていたのかききそびれた話

実をいうと、グレイが何をまっていたのか聞いたことはない。ひょっとしたら何もまっていなかったのかもしれない、ただぼんやりとその日の風まかせに鼻の向く方耳の傾く方にすなおにその時その時を生きていたのかもしれない……と、このごろ思う。

グレイは時々横目で「ね」と合図を送る。

〈そんなことないよ、ね〉

〈きっとそのうちいいことにぶつかるよ、ね〉

〈いい匂いの風だよ、ね〉

〈そろそろおやつのはずだよ、ね〉

そして……ただなんとなくの〈ね〉

私はグレイの「ね」にほだされそそのかされ、うながされ励まされ、時には（うるさいね、いちいち私のカオみなくてもよろしい。前を向いてさっさとお歩き）なん

グレイは ときどき ふりむいて
「ね」という目つきをする。
ね
なんだかわからないけど
「うん」と返事をする絵描き。

てつぶやきながら、春夏秋冬、月火水木金土日、朝昼夜、昨日今日明日、よく歩いた。

グレイの上に流れる時間は永遠にあるようで、この本にちらばった短い物語たちも、グレイの気分と絵描きの気分でのびたりちぢんだりしたお散歩の道も、グレイという存在さえも実は大きな長い長いユメの中のものだったような気がする。

グレイが死んだ。


それはあまりにも突然、しかし宇宙の構成の中ではきっと、はじめからしくまれた通りにやってきた。グレイの悪性の進行ガンの発見と「余命一、二ヶ月」の告知は同時だった。

一歳の夏に紫外線のアレルギーを、二歳でてんかんを発症した犬と絵描き一家の、グレイ四歳までの日々は『気分はおすわりの日』（理論社刊）に書いてきた。

五歳のたん生日は、アトリエ中にしきつめた紙おむつのじゅうたんの上でむかえた。私はアトリエでグレイと寝起きを共にし、好奇心と発見でいっぱいになるはずだったお散歩ノートは末期ガンの犬の闘病日記になり、絵描きのスケッチ帖はあっちむいたりこっちむいたりごろごろした犬のスケッチで埋まっていった。もう外にはほとんど出られなかったから、犬と絵描きは毎日毎日ゴルドベルク変奏曲やモーツァルトのアヴェベルムコルプスやクラリネット五重奏曲をきいていた。グレイはゴルドベルクがいちばん好きだった。

「時の観念も死への不安も、ヒトが作り出したものにすぎないから、イヌは臨終かもしれない今日を平気なカオして生きていられるのです。」

おおいかぶさって全身で、あっち側へ行こうとする犬をつかまえようとする私に、獣医さんが言った。グレイは大病の中にあっても、死ぬかもしれないその日をまっているようにも、治るかもしれない明日をまっているふうにもみえなかった。

「おかあさん、グレイが星見てるよ」

大Mが夜の玄関で叫んだ。逝く一ヶ月程前の深夜のこと。開け放たれた玄関のたたきで伏せた姿勢のまま首だけ上げて吸いこまれそうな紺色の空をずーっとみつめていた。

〈おかあさん。ほらお空のペカペカチカチカきれいだよ。あれはきっとおいしいものだよ、ね〉

病気になってもグレイはグレイだった。でもその目はおどろくほど穏やかでかつてないほど遠くをみていた。

空一面に羽毛のような巻雲や、うすくひきのばされて透けそうな和紙のような筋雲が広がる夏の夕まぐれ、グレイは空へ駆けていった。

それから私は　風をおいかけることも　季節が変わることも　時の存在も忘れた。欲もおしゃれもなく　夢も発見もなく　ことばさえ忘れ　私はただのおばさんになった。

みえない犬と暮らしはじめて三ヶ月たとうとしている。
「気配」というものは「存在」「実在」あってこそ感じるものらしい。「気配」だけでも感じたい、と思っても想像力を駆使して「不在」というフィルターを通して逆説的に思い起こすしかない。グレイの呼吸やいびきや爪の音おしっこの音は、耳の中に残っていてふいを突いて思い起こされるが、それは「気配」ではなく。
たおれたグレイからまっ先に「声」が失くなった。「走る」「とびつく」「ひっぱる」がだんだん消えていってやがて、「食べる」「のむ」も消えて、最後に目だけが残った。時々ムクリと起きあがって思い出したようにこちらをみつめる目だけが、静かに消えていく姿の中で黒々とまっすぐ残った。「気配」を感じたい、と思う時（しょっちゅうしょっちゅう切望する）私はあのふたつの目を思い出すことにしている。

グレイがほんとうは何をまっていたのか、わたしはとうとうききそびれてしまった。

一九九六年　晩き秋に

一九九六年『グレイがまってるから』文庫版あとがき

気分はおすわりの日

●訓練士のＳさん
１年４ヶ月グレイを
特訓したがグレイは
病気になって
全てを忘れた。
忍耐
●絵描き
気まぐれでおねぼう。
旅と音楽と雲が好き。
子どものしつけも
犬のしつけも
苦手のよう。
●グレイ
ハスキー犬、
オス。1991. 6. 30 生。
〈特技〉・たべる
・あまえる・人を信じる
・ねる・だらける
・ドアストッパーになる。
〈性格〉・人なつっこい
ひまさえあれば
スケッチする
こういうドアストッパーを
みたことがあるが
グレイは 生きたドアストッパー
タワシ
ゴム底
●関さん夫妻
絵描きのチェロの
おともだち。
いそがしい
いそがしい
ダイビング
図面
ヨット
テニス
●建築家
グレイの主人であると
信じているが、多忙すぎて
グレイから忘れられている。
りっぱな犬小屋をたててあげた
のに、グレイは入ってくれない。

●銀色の風の絵描き
グレイが大好きな人。

●獣医さん

グレイにはめようと
したがカオが大きすぎて
ボタンがはまらなかった。

●大M
気がむくと
グレイのせわを
する。むかないと
その存在すら
忘れる。
母親ゆずりの
気まぐれ。

●小M
家族の中でグレイと
末っ子をあらそってあまえる。
父親ゆずりのあそびの天才。

病気

梅林公園

近くに三十本ほどの梅の木がみごとな公園があった。ほんとうは町の名がついたつまらない名前の公園であったが、この辺りの人はみな梅林(うめばやし)公園と呼んでいた。ゴッホの木炭画のように黒いガシガシした幹と枝に、はにかむように白い花がほころびはじめると、少しくらい寒くてもグレイと絵描きは散歩コースを梅林公園経由にした。

砂場の横に黒い中古のタイヤが六個ほど、ドーナツを半分食べてからおいたような形で地面からはえていた。絵描きはグレイといっしょに助走して「とべ！」と叫びながらふたりはタイヤ飛びをした。春のはじまりの風はまだ冷たくて、あたりは一面の枯草だったけど、グレイは草の中に鼻をつっこんでその下にかくされたおいしいものでも捜すようにしていた。春の匂いをみつけたのかしら。近くの学校のチャイムがねぼけた音楽のようにきこえてくる。カリフラワーのようなわた雲がいくつかのんびり浮かんでいるけれど空は切れるようなまだ冬の青い色。

どこから湧いて出たのか、小学生が大小入り混じってぞろぞろあらわれた。

「きゃー、大きい」「こわいよお」「さわりたい」「かわいい――」口々にさけんで、団体は一定のキョリを保って金魚のうんこみたいにグレイについてくる。

子どもたちにひととおりおあいそをふりまいて、運動も足りたのをみはからって、絵描きはグレイをうながす。

「寒くなってきたから帰ろう」

公園を出て数十メートル、急にグレイの歩き方がおそくなった。さっきまでの鼻で土をほるような勢いも、子どもたちにかぶさるように抱きつく元気もなくなり、トタリトタリと、半分眠ったようなリズムで絵描きの後ろからついてくる。それでも二、三十メートルほど歩き、やがて立ち止まるとゲエッと大量に茶色いかたまりを吐いた。今朝のドッグフードがほとんど原形のまま道路に広がった。

おなかのあたりがヒクヒクけいれんして、涙目でうつろに宙をみつめている。

「グレイ！　どうした！」

絵描きはあわててグレイの背の高さまでしゃがんでみたが、こんなに大きな犬と正面からあらためてむきあってみると、どうしていいのかわからなくなる。

「こんな所でたおれちゃだめ。だっこできないんだからね。歩くしかないんだからね」

たおれそうになる犬をだましはげましうながしながらなんとか家にたどり着いた。水をとりに家にかけこみ再び玄関に出てみると、そのほんのわずかな間にいったい何が起こったというのかグレイの身に。

顔面中アワだらけになったグレイがぼーっとして、自分に何が起こったのかも理解できない感じのまのぬけた表情でつったっていた。話しかけても名前を呼んでもまるで反応がない。聞こえていない。みえていない。そしておそらく思考も感情も失っているようだった。

どうしたものかとしばらく様子をみていると、また腹をヒクヒクけいれんさせながらよたよたと歩き回っては庭のあちこちに吐く。水をガブガブのんではまた吐く。

獣医さんに電話する。やはりそうとう気持ちが悪いらしくすぐ横になったり、立っても力がなくただぼーっとしている。そして思い出したようにまた吐く。もう一度電話して獣医さんに早く来てくれるようたのむ。

O先生が車から降りてグレイに近づくなりグレイは先生の体に自分の体をこすりつけるようにして弱々しく甘えた。グレイは人間大好き抱きつき犬だけれど、こんなふうに甘えることはない。

「おまえ、病院に来た時みたいにいばっておこらないのか?」

予防注射の時、グレイは先生を威かくしたことがある。

グレイはペロンペロンと、先生の手をなめている。〈助けてほしい〉と言っているようにみえる。そしてまたベランダのたたきの上でオウエッ、オウエッと体をちぎるようによじって吐いた。

「てんかんの発作ですか?」

「てんかんではこんなふうには吐きません。カエルの毒とか肥料などの薬物中毒ではないかしら。昨年の夏は紫外線アレルギーで一度病院にきましたよね。グレイはアレルギー体質があるから、ある種の草や植物にも弱いのかもしれません」

O先生は、おしりとせなかに計三本の注射をすごい早業でやってのけたのでグレイは自分が何をされているのかもわからないようだった。

「あしたの朝まで吐くようでしたらまたお電話ください」

O先生は帰った。

どうしてもやれないまま夕方がきて夜がきた。

その夜はグレイをへやに入れてねかせた。いつでも吐けるよう、まさか人間のように洗面器をおいておくわけにはいかないから、庭に面したガラス戸を十センチほど開けて出やすいようにしておいて、じゅうたんの上に今日だけは毛だらけでもドロだらけでもいいからね、と毛布をかぶせる。毛布をはねのける力もないグレイはただじーっと伏せて目をつむっている。やがてゴロリと腹を出すと、手足とアゴをのばして眠りについた。

絵描きはグレイの横にふとんをしいてねた。三月の夜風がガラス戸から入りこむが寒いとも思わなかった。夜中にグレイは何度もオエッ、オエッと体をよじらせたが、そのたびに急いでガラス戸を開けてやると、自分で出ていって庭に吐いていた。

グレイは苦しそうな顔をわざわざ絵描きの方に向けて横になっていた。うす暗がりの中でじーっとみつめつづけていると、いとおしさが涙といっしょにあふれてきた。

ブルーグレーのカーテンを透かして朝がきた。吐き気がおさまったのか外に出たがったので出すとそのまま玄関で横になっていた。注射とくすりのせいでもうろうとしている。午前十時いつもより早く訓練士のSさんがきた。昨日のうちにもう話は獣医さんからきいたといって心配そうにグレイに近づいた。グレイは反射的にヨロリヨロリと歩いてSさんの前に座ったがSさんのひざに何度もぽてぽてと手（前足）をおいてまるで「ぼく今日は訓練やらないの」といいたげだった。

「おまえはまったく……しょうがないなあ。鼻がアレルギーでふくらんだり、発作をおこしたり」といいながらもグレイをみるSさんの目はまるで親のようだ。

今日の訓練はない！　とわかるとグレイはさっさと玄関にもどり、ゴロリと横になりまたわざわざあの苦しそうな表情を、しんねりと目をつむったあの顔をSさんにむけた。「うー。ほらほら、ぼく苦しいんだよ」

「除草剤にやられたのかもしれないなあ。しばらく土や草のある所へは行かないようにしてください」

Sさんは訓練をしないで、グレイの頭をなでてから帰った。

発作

その日、絵描きは上機嫌だった。グレイとの一年間をつづった本『グレイがまってるから』の見本ができたのだ。外から玄関のドアをバンバンたたく音がしたので、〈あ、おまえもうれしいのか、今見せてあげるよ〉と、本をもって玄関に出ると、興奮しすぎたのか急にけいれんをおこし、今まさに吐こうとしているグレイの姿が目にとびこんできた。しかし吐くものがなかったのか、じょうずに吐けないのか、全身のけいれんがビクンビクンと大きく波うってつづき、やがて緑色の液体が口から流れ出た。そして本をもったまま棒のように立ちつくしている絵描きの目の前を、わけもなく歩きはじめたと思ったら玄関脇のカクレミノの木の下でドスンとにぶい音と共に倒れた。みるみる硬直していくのがわかる。目が白くなり、口はさけるような感じで大きく開かれていくのだが、呼吸は完全に止まっている。手足が体の中におりたたまれるように収納されてしまうといつもの半分くらいのグレイになってしまった。口の端に泡と血がついている。

絵描きはまだ本をもったまままいったい何がおこったのか判断できないでいたが心臓のドコドコという速さと反比例するような冷ややかさが頭の一部に残っていて〈これは心臓発作で死んだのだ〉と考えた。

この風景は一度経験していた。ドンベエという名の柴犬を十年前に心臓発作で失くしていた。その時も全く同じように庭に出た絵描きの目の前で突然手足を突っぱって犬が泡をふいて死んだのだ。

きっとそうだ、グレイは死んだのだ、なんてことだなんてことだ。絵描きは泣くより先に電話にとびついていた。獣医さんに。いつのまにか小Mが出てきていて犬の口に水分を含ませ、心臓マッサージみたいなことをしている。しかし、グレイは口を閉じたまま、白目をむいて、石になったままだった。ほんとうにおどろくほど小さく固まって。いつものでれでれとしたあの油断しきった状態の時の半分といってもいいその大きさに、絵描きはうろたえた。

グレイがセミのヌケガラになってしまった。ふたりのMたちもことばを失ったまま立っていた。一分か二分か、定かでない時間がすぎて、まるめたティッシュに水をさすとちゅるちゅるとのびるような、そんな具合で、グレイの体がのびてきて、呼吸がきこえてきて、どこかにかくれていた黒目ももどってきた。

生きかえった！　一同がまるで共に息をふきかえしたような気持ちでみていると、やおら立ちあがったグレイは、その場でジョボジョボブリブリと放尿脱糞したのであった。その顔はまだぼうっとしてはいたが、絵描きはそのみごとな生還の姿をみて、初めて涙を流して笑った。


グレイの発作は「てんかん」のせいかもしれない、とその日獣医さんはとりあえず抗てんかん剤の注射を打ち、抗生物質をのませると次のことを言って帰った。
●発作を二、三分やりすごせば、もとに戻るのであせらずに見守ること。
●あまり神経質にさわぎたてないこと。
●二、三日様子をみて何事もなければ訓練も日常生活も今までと同じにしてよい。

翌日、絵描きは訓練士のSさんがくるのがまちどおしかった。グレイよりも正確に、十一時に門の前に正座して待つような心もちだった。

「たいへんだったようですね」

Sさんはいつもグレイの家に来る前に獣医さんの所の犬の訓練をしてくるので昨日のできごとはすでに知っていてくれる。

グレイはSさんの姿をみると走りより、しゃがみこんだSさんのひざにまたなれなれしくぽてっと自分の手をのせた。

「今日は訓練はやめておこうな」

グレイはわかったのか、うれしいようなもの足りないようなおちつかないようなカオをして玄関にもどると、伏せてじーっとSさんと絵描きの会話に耳を傾けていた。昨日のことをケロリと忘れ、そのカオは〈ぼく今日はダンベルの訓練やってあげてもいいのにな〉といっているようである。

しかし午後の散歩は、おどろくほど静かで、絵描きやMたちをひっぱりまわすことも、四方八方に乱れて走ることもなかった。「こっち」と言えばついてくるし、「まて」と言えば止まった。少し自信をなくしているようにみえないこともない。発作をおこした時の空白の時間を、グレイなりに〈いつもとちがう〉感覚で体が記憶しているのだろうか。それとも発作の時に頭の一部がちょっとこわれたのだろうか。それから二、三日グレイはきみが悪いほど従順で、おさんぽの要求もドアをドンドン「あけてよ」もしなかった。

ただし、二、三日だけの話であった。

Sさんの前でわざとらしく
ごろりと横になってみせる。
う〜
ほらほら
今日は訓練
やめときましょう
おまえは…
鼻をやったり
発作をおこしたり
…人さわがせな
犬だなあ
ぽて
といいながらも
グレイが心配でで
ならないSさん

てんかん

三月にはじめての発作をおこしてから、グレイはほぼ三週間周期で発作をおこした。梅林公園の帰り道の最初の発作以外は、いつも庭だった。

ある時は家の中にまできこえる異様な音で倒れた。ガラガラガラーンと水の皿がはねかえり、ドスンと鈍い音がした後、車のドアか何か硬いものをかきむしるカタカタカタカタ……という音、けいれんした手足が何かをひっかくこのこきざみな音には、どうしても慣れることはできない。この心臓が凍りつくような瞬間を絵描きは家の中で何をしていても、たとえ制作に没頭していてもレコードに聴きほれていても、食事の用意をしていても、すぐに察知した。三月以来、〈いつ起こるか〉〈今、外でたおれていないか〉と、渦のような不安が心のかたすみにすみついてしまっていたから。

四回目の発作は五月の連休に家族そろって車の旅行から帰って来た日におこした。長野県の山で涼しく休暇をすごして暑い東京に戻ってきた日の夕方だった。泡をふき、息がとまり、家人の目の前でドスンとたおれたその様子はやはり単なる疲れや車酔いではないことを、誰もが感じた。

「やっぱりてんかんでしょう」

獣医さんはついに診断を下した。周期があること、あわをふいて意識を失うこと、けいれん、硬直、そして弛緩、意識の戻り状態等から判断したらしい。高山から一気に降りてきたその日のように、気圧の急変などが発作の原因になることもあるという。

「くすりを出しましょう」

抗てんかん剤――発作をおさえる安定剤。人間がのむものと同じもので、体重で割り出して量を決めるのだが、病状の程度がいまひとつ定かでないので獣医さんも少しこまっているふうであった。とりあえず朝晩二錠ずつのませることになった。

ラットやマウスやビーグル犬の臨床実験を経て作り出され厚生省で認可されている抗てんかん剤なのに、人間のための量がわかって、犬の量がわからないとは。

くすり

六月に入り暑さがきびしくなり、紫外線も強くなった。グレイは紫外線のアレルギーもあるのでかゆみ止めの安定剤ものんでいる（これも人間のくすり）。

鼻柱のどこかにたまる鼻汁がかたまって出てこないのか、毛の下のしっしんがかゆいのか、目から鼻先にかけてのかゆさは相当なものらしい。しょっちゅう木や車のバンパーや犬小屋のカベに鼻をこすりつけている。自分の手で目のまわりや鼻をかいている。絵描きやMたちはみるにみかねて外側からこすってやる。グレイは涙目になって〈もっとかいてもっとかいて〉とさいそくし、やがて「ぶしゅーっ」とくしゃみのようなものをしてたまった鼻汁を吹き出す。

二種類の安定剤はまだ体になじまないのか、のどの奥の方からきしむようなせつない声を出す。グレイ自身、自分の身に変化が起きていることを感じている。散歩につれだしても活気はなく、ぽてぽてとただついて歩く。ちょっとした段差もふみはずす。玄関のたたきのわずか十センチののぼりおりさえもヨタヨタしている。すべての動作に緩慢なのは急にやってきた暑さのせいだけではないようであった。

ある日散歩の途上、後ろ足で土をけっていつものように自分の匂いをあちこちにまき散らしていたグレイが、突然ふにゃあっと、音もなく地面にのびきった。下半身にまるで骨が入っていないような、ぬいぐるみ状態である。おまけに目付きもぼーっとしている。みえていないのかもしれない。二、三メートル離れた所から手をふってみたが、視線はとんでもない方向に向いていた。

獣医さんに相談する。

「くすりのせいでぼけているんです。脳の興奮をおさえるくすりですから。量を半分にへらしてみましょう」

目がみえなくなるほどくすりが作用しすぎていたのか、副作用が出てきたのか、いずれにしてもいつものグレイではない。

抗てんかん剤を朝晩一錠ずつにしてかゆみ止めの方をやめてみると、足もともふらつかず、目もすっきりとして、あまりとびついたり走らない程度の元気さにもどった。だれにでもフレンドリィでとびつき抱きつきすぎるグレイの欠点が、今ではなつかしすぎる、と絵描きはグレイがふびんでならなかった。

しかし、この時期はまだグレイをめぐる一家の混迷狂詩曲（ラプソディー）の序章にしかすぎなかった。

アレルギー

桜が散り、たんぽぽやダイコンスミレやペンペン草が急に勢いづいて群生し、ハナミズキの白やピンクが清そに笑いかけている。こでまりやユキヤナギがあちこちの庭からそこだけ雪を降らせたように地面を白で被(おお)う。

人間たちがうたたねしたくなるほど体をくつろがせ、ついでに気持ちもあくびのひももののびきり、光あふれる空や緑に白いTシャツがまぶしく輝きはじめるこの季節、グレイの苦しみがはじまる。

二重のコートを着た北国のそり犬は、日光と紫外線の下であつくるしい存在となるだけでなく、その紫外線のアレルギーとの戦いがはじまる。

グレイの鼻柱ははれあがり密集した毛の下にしっしんが発生する。今年も天狗のカオになったグレイの鼻柱はやたらとかゆいようだ。あちこちの木やカベに頭をこすりつけ、車のバンパーや木たちにガシガシとかいてもらっている。不快この上ないのだろう。あんまりかゆいとそばにあるタオルや新聞紙をふりまわしたりバリバリしたりする。目にみえない外敵から身を守ってほしいのか、キシキシと声にならない声をしぼって甘える。まゆ毛なんてないが、眉間に不安そうなしわをよせてさびしそうな目でじっと家人をみつめる。いつおそってくるかわからないてんかんの発作と鼻の内外問わずわき出るアレルギー性のかゆみとの戦いはことばを発しない犬にとってひどい孤立感があるのだろう。

鼻柱の充血があんまりひどくなると、獣医さんから消炎剤を出してもらう。しかしこれも副作用があるので、一週間が限界で（二週間くらいおいてまた一週間つけるという風に）夏中塗ってやれるわけではない。

かゆさが頂点に達すると、気圧の急変の時のように、グレイの発作がおきる。犬小屋をかきむしるような音がしたので（もしや……）と思っていってみると、もうひきつけていた。口のまわりに吐いた物があふれていて、手足を硬直させてガタガタと体をこきざみにふるわせて……そして胎児のような姿勢になったセミのヌケガラのようなグレイの発作の姿は何度目であっても初めての時のように心臓が凍りつく。

車の底に鼻をごんごん
してかいてもらう

自分でもかくが
うまくいかない

カッカッ
ガッ
カラン

うれっ すごい ぼくの すきな匂が
いっぱいつまっている!!

たいへんだねえ
いけないねえ

食欲

六月のむし暑さに、絵描きもMたちもげんなりする日がつづいていた。グレイも雨の降らない日は車の下でぞうきんのようになって眠りつづけていた。しかしひとたび食事をもっていくと、ガバリとはね起きその食欲たるや以前のグレイとは大ちがいだった。午前十時と午後七時の二回の食事をガツガツ食べるだけでなく、食べても食べても満足しないという感じで、家人が玄関に出ただけでグレイはまっ先に家人の顔より手先を見つめるようになった。

「なんにも持ってないの?」

「なんかないの?」「今度は何くれるの?」期待に輝くその目は〈相手は誰でもいいから早く食べもの食べもの〉という表情である。くすりの副作用でカルシウム分が失われやすいというので、骨やチューインガムのおやつを与えていたが、それでも足りなくてロールパンやジャーキー、クッキー、大根の葉っぱ……とおやつタイムは増えつづけた。

その結果どうなったか、は……いずれ。

最近 自我が
出てきたグレイ。
しらー
ダンベルなんか
やるもんか
なにが
よしなのさ。
そんなもの
たべさす気？
じすー
よし
よし！
ドッグフードを
そっと出すが
見向きもされない。
お高くとまってるグレイ
ガッ
ガツッ
ガッ
ガッ
ハフ
ハフ
ハフ
夜 レバーを
いれてやったら
ただの犬になって
がっついていた。

うんち

散歩の途上、知人に会ったので絵描きは道路で立ち話をしていた。道路はゴミの収集車が行ったばかりで、袋からこぼれた小さな紙くずや葉っぱといっしょにしめったビニール袋も一枚ぐしゃぐしゃのかたまりになって道にへばりついていた。人間の長話のあいだ、半径ひきづなの長さ分の円周で絵描きの周囲をふんふんと鼻で道路そうじしていた犬は突然ビニール袋に食いついた。そしてあっというまにズルズルと音をたててのみこんでしまった。絵描きも知人もあまりのその早業を制止することもできないでいたのだが、魚か肉を包んであったのか、その汁と匂いがたっぷりとしみこんだビニール袋のようであった。

「そのうち、うんちといっしょに出るわよ」

知人は青ざめた顔をひくひくさせて言った。腹痛をおこしてたいへんなことになるぞ、という心配の顔ではない。ビニール袋をまるのみしてしまう犬をはじめてみた、どういう飼い主なんだろう、という目つきである。

ビニール袋を食べてから三日間、グレイはうんちをしなかった。今日出なかったら獣医さんに連れていこう……と思っていた三日目に出た。庭に排泄されたかたまりの中にギラリと光るもの、あ、ビニールだ。シャベルで解体すると、ぞうきんのようにねじりあげられたビニールが茶色の衣の中から現れた。

これで一安心、と共に、大腸の中を回転しながらビニール袋が降りていったことがわかった。絵描きが心配していたのは、胃の中に胃の形通りにはりついて二重の胃ぶくろになったところに食べものがみんなたまってしまって、消化されないままつまっていたらどうしよう、ということだった。

この犬にしてこの飼い主であった。

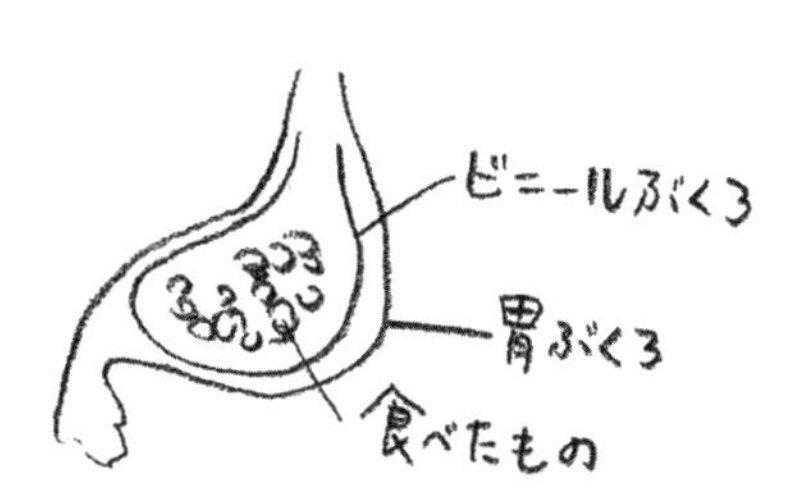

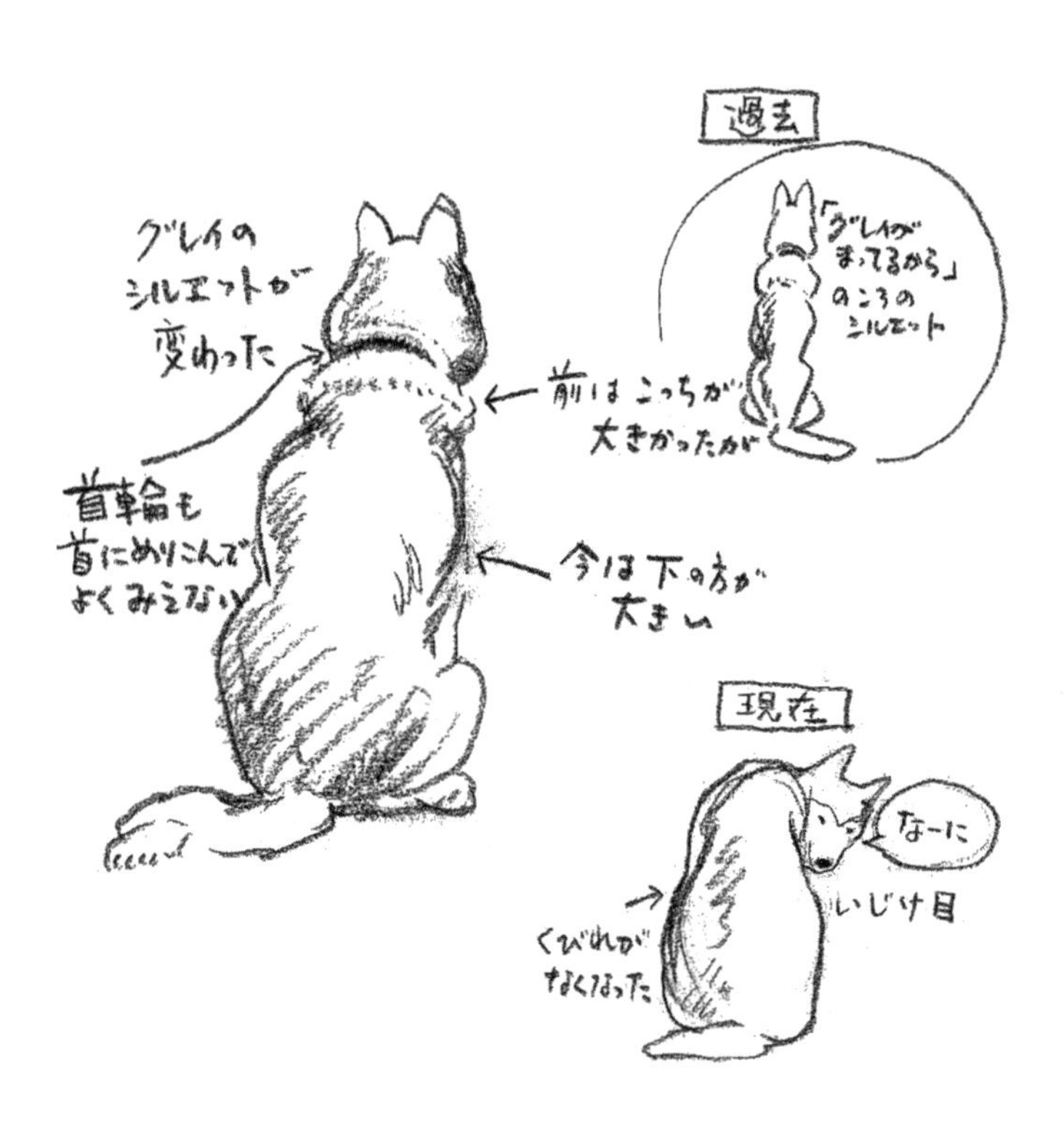

過去
「グレイがまってるから」のころのシルエット
グレイのシルエットが変わった
前はこっちが大きかったが
首輪も首にめりこんでよくみえない
今は下の方が大きい
現在
なーに
いじけ目
くびれがなくなった

なんか用？
ものぐさグレイ
ごろ寝の姿勢から
カオだけこっち向ける

食べものを
じーっとじーっと
みつめる目

食べものがない
と わかると
しらーっと
そっぽをむく

ドアストッパーの日

首だけで
ドアストッパー
になろうとする

耳がひらいて
こめかみが
動いて
あくびをした
ことがわかる
突然
ま上を
みる
急にまっ白い
ひょうたんの
ような
カオが
みえて
びっくり

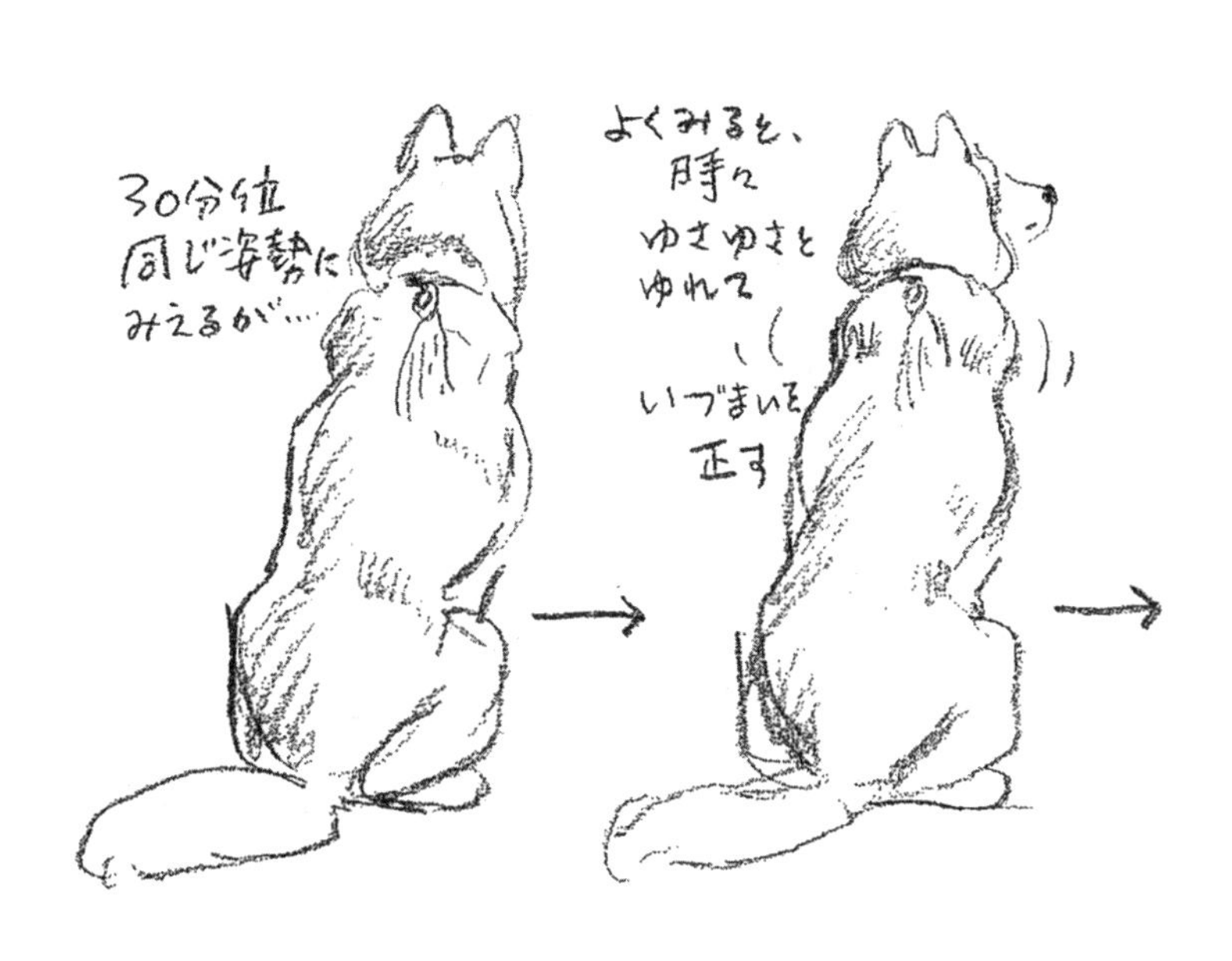

ひまな
うしろから観察されているなんて知らない犬の一日。
それをスケッチする絵描きもひま人なのか……

○月×日．道でばったり訓練士のSさんに会う

音楽

緑陰コンサート

旅と家族が大好きな犬と、犬と音楽が大好きな一家が、その全てを満載して車で蓼科(たてしな)に向かったのは夏休みも終わりのころだった。

車の中でグレイはウオウウオオと、何度も窓から顔を出し歓喜の歌をうたい、後部座席のふたりのMたちのさらに後部の荷物の山の中から体をのりだして両手でぽてぽてとふたつの頭の上でリズムをとった。行き先も着く時間もどうでもよかった。車のうしろにはドッグフードとMたちのお弁当とおやつの匂いがいっぱいだったし、窓から入る風は東京を離れるにつれて緑や土の匂いでいっそう香しくなっていた。それに車の中にいる限り直射日光と紫外線から守られていたのであのいまいましい鼻のアレルギーも出なかった。

長野県に入り、山々のひだにまぎれこむようにいくつものカーブをくねっていくころ雨が降り出した。目的の別荘地に着くころはかなりの降りになっていた。

バイオリンの弦のように光る銀色の無数の直線に打たれながらかさをさした老紳士が小路の端に立っている姿がみえた。『関山荘』の木彫りの表札が少し傾いて木の門柱にかかっている家に、その人は車を誘導してくれた。

グレイは車には酔わないけれど、さすがに長時間のドライブと急カーブでぐったりして眠りこけていたが、関さん宅に着くなりむっくりと起きあがりまっ先にドアから飛び降りると、絵描きをひきづなごとひっぱって関さんをおいこし玄関に突進した。

一家が関さん夫妻と玄関であいさつをしている間、グレイは軒からおちる大つぶの雨のしずくの一滴一滴に飛びついてはおいしそうにのみつづけた。初めて訪ねた家でごあいさつもせず、しずくに飛びつく犬の様子にご夫妻は声をあげて喜んだ。

おふたり合わせて百五十歳を超えているとは思えない元気なご夫妻は、ここで毎年夏は深い緑に包まれてふたりだけで過ごされる。チェロを弾きレコードを聴き、楽譜を整理し、森を散策する美しい静寂の日々に、絵描き一家と犬の騒々しい団体がまぎれこんだのは、大きな声ではいえないが実はこの一家もチェロ弾きの仲間だったからだ。

絵描きは絵を描くずっとずっと前の小さい時からチェロを習っていて、今、ふたりのMたちもそれぞれバイオリン、チェロを習っていた。絵を描く人になってもチェロをやめないできたのはきっと色も音も、グレイにとっての抗てんかん剤みたいなもの、あるいはいつもほしくてたまらないジャーキーやロールパンのようなものだったからなのかもしれない。

荷物や楽器を車から降ろし旅回りの小さな楽団よろしく一家は関さん宅の中に消えた。玄関の階段の下がグレイのこれから三日間の住み家となった。隣の家までたくさんの木立を透かして数十メートルはあったから、林と野原の中の関山荘ではグレイがどんなにほえてもMたちが夜中まで騒いでも誰も文句は言わなかった。関さん自身が毎日明け方までチェロを弾きレコードを聴く生活をしていた。

何時に起きて、何時にチェロを弾いても、いつ絵を描いていつ食事をしてもいい関山荘の環境は絵描きにとって居心地が悪いはずがない。おまけにグレイの散歩の場所にはことかかず（いちいちビニールのうんち袋をもたず土に肥料を提供できたし）散歩する人の数も十分にあった。夜ワインをのみながらのおしゃべりはエンドレスの音楽のように心地よかった。

グレイは家の中の笑い声に混ぜてもらいたくて何度もほえたが、そのたびに関さんの奥様が出てきて骨をくれたり頭をなでてくれたが、絵描きはワインといっしょにすっかり関山荘に溶けこんでしまっていた。

翌朝は目が覚めるようなコバルトの空に、夏の名残の日が充ちていて、庭の木々は昨夜の雨もすっかり乾ききって青々と輝いていた。

「木かげでチェロの合奏でもしましょうよ」

モミの大木の下に木の椅子をもちだし、関さんと絵描きと小Mが並ぶ。三台のチェロの緑陰コンサート。

グレイは、庭でみんなと遊べる！　と思ってはしゃぎまわったが、三人の調弦が始まると〈あ、また？　はいはい、わかりましたよ〉という感じでとなりの木かげに伏せた。半ばアキ

昨日の骨、どこにあるのかなあ……
バッハをききながらグレイの考えることは いつも……

ラメの顔なのだが、同じように弓を忘れてきたためにバイオリンを弾けずガッカリ顔の大Mと同病相憐れむ二人でおとなしく聴衆になった。家族の運搬が家庭サービスと決めこんだ建築家はハンモックでおひるねの体勢である。

グレイは昨夜おそく奥様からいただいた骨のことを思い出していた。食べる前にころがして遊んでいるうちにひものとどかない草地にころがっていってしまったあの骨、どうしたかなあ。チェロの合奏を聴きながら舌なめずりしている犬をみて、

「なんておりこうなワンちゃんなんでしょう」

と奥様は言う。そしてグレイの背中から頭にかけてやさしくなでながら、「あら、この犬、ピアスしているの？　おしゃれねえ」などと言う。

みんなで、何それ……とそばによってみると、ほんとうにグレイの耳の先に直径五ミリほどの半球のまっ赤なものがへばりついている。指でつまんでも耳たぶからはなれない。おできかかさぶたかもしれないねなどと言いながら、ハンモックから降りてきた建築家がのんきにピアスをつけた犬のアップ写真なんか撮っている。

グレイはピアスをつけた耳で木もれ日の中の緑陰コンサートを聴いた。関さんは古木の年輪を数えるような密度のあるバッハを弾き、小Mは恥じらいながらも芽を出すミズキのようなすがすがしさで次々と音を生み出した。絵描きはまるでパレットの色を全部いっぺんに使っているような感じでうかれたバッハを弾いていたが、三人で合わせてみると、不思議と同じ曲にな

った。

山の中で音楽漬けの三日間をすごした一家は心も体もリフレッシュできたことを心から感謝して関山荘を後にした。

グレイにとってもすばらしい時間だった。いつもあわただしくてバラバラの家族四人が笑いながら全員目の前にいて、おいしいトウモロコシもふんだんにあって、ギボシや月見草みながらおしっこしたりトンボとおいかけっこしてもおこられなくて、涼しい緑の中でアレルギー鼻炎のこともてんかんの発作のことも忘れられた三日間だった。

山を降りながら〈来年もまたこようね〉とグレイは絵描きにささやいたが、絵描きはもう助手席でこっくりこっくりしていた。


東京に戻りおふろに入った時、グレイの耳からピアスがぽろりととれた。翌日獣医さんの所にてんかんのくすりをもらいにいった待ち合い室で絵描きはとんでもないものをみてしまった。カベにはってあったポスター。犬、ねこにつく寄生虫の写真、血を十分吸ってまっ赤な半円球になった状態のダニの写真。グレイは草原に住む動物につくダニを三日間ピアスにしていたのだった。

ハイドン'92

夏はグレイにとって三重苦の季節である。毛皮のコートをぬげない汗腺のない北の国の犬に、東京の酷暑は耐えがたい。紫外線のアレルギーといつくるかわからないてんかんの発作とくすりの日々もつらい。さらに追いうちをかけるように、七月になると絵描きの家からとんでもない音の洪水がグレイをおそうのだ。

毎年七月にチェロの発表会があった。人前で恥をさらそうが失敗しようが、先生について習っている以上は発表会に出ないわけにはいかなかった。絵描きと小Mは同じ先生についてチェロを習っていた。頭も体もやわらかい吸収の時期の子どもは練習した分だけうまくなる。雑用と雑念だらけの絵描きは弾いても弾いても同じレベルを保つのがやっとで、うっかりするとすぐに後戻りさえした。

仕事の締め切りも、寝不足も、グレイの病気への心配も、この時期の絵描きにとって練習不足のいいわけにはできなかった。プログラムが決まった以上は、弾くしかなかった。

七月に入って日射しがいっそうきつく耐えがたくなってきたのと並行して、二階のアトリエから連日連夜チェロの音が降りそそいだ。家中の窓を閉めきってカーテンもぴったりしめて音を出しても、すぐ窓の下の犬にきこえていないわけがなかった。

グレイが「散歩、散歩！」とドアをたたきつづけても、ベンチや庭の木にひもがひっかかって救いを求める声を出しても、はてはえさや水の器がひからびているのを叫んで求めても、ひとたび二階でチェロの調弦が始まると、その瞬間から、グレイは修道僧になった。あきらめきって庭の木かげにうずくまると、くる日もくる日も絵描きのチェロを聴いた。

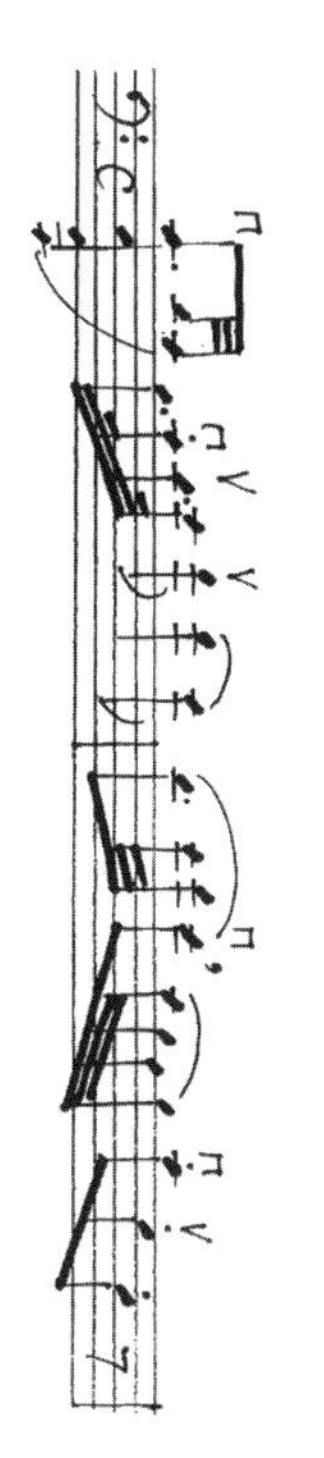

このパートを何百回聞かされても苦情をもらさなかった犬の体内に音符が充満しきってしまったのか。いよいよ発表会の当日のことだった。楽器をもって玄関に出た絵描きはとびあがって叫んだ。

「どうしたのおまえ、そのカオ！」

ピンポン玉を半分にして伏せたようなものが鼻柱のまん中からはちきれそうにもりあがっている。獣医さんがとんできて、「これはひどい」とあまりのはれあがりかたに途方にくれている。治療と検査のための半日の入院をお願いしてグレイを獣医さんの車にのせた。悪性のしゅようではありませんように。

耳から入ったハイドンを全て鼻につまらせた犬を見送ってから、発表会の会場にむかった絵描きだったが彼女の頭からはすっかりハイドンは消えてしまっていた。

悪性のしゅようでないことを確認され、鼻汁と血のうみを出してもらって、消炎剤を塗ってもらったグレイは夕方獣医さんに送られて元気に帰ってきた。しかし、その日演奏中に完全に真空状態を作ってしまった絵描きは夜がきてもおちこんだままだった。あの狂乱の練習はなんだったのだろう。

その曲
あきたよー
いつ
おわるのか
なあ…

ブラームス'93

不確かな音程の重い重い低音が七月のむし暑い空から降りてくる。今年の夏も、グレイに手加減はしてくれないようだった。チェロの発表会が近づいたのだ。今年の課題曲はブラームスのソナタ№1ホ短調。

何事か語りかけるようにして低音で始まる渋いこの曲は絵描きにあんまり似合わない、とグレイは思いながらも、気がつくと庭で演奏者のメランコリックなうなりに合わせて脳みそを振動させていた。

絵描きの、正確でない音程の高速テンポのハイドンをきかされた去年よりはいく分ましかもしれない。……しかし、発表会目前の絵描きは昨年同様にグレイの散歩もえさも水も、存在さえ忘れたようにブラームスにおぼれていた。そして昨年のような失敗をしたくない一心で緊張しきって練習しつづける絵描きは時々お腹をこわしたり吐いたりしていた。グレイの発作が伝染したわけではない。絵描きはみかけによらずナイーブなのかもしれない。

ある日の午後、庭に面したガラス戸がわずかにあいていた。暑さからのがれたかったグレイはしめしめ、と鼻をつっこむと、太い首をぐるぐるとねじのように回してガラス戸のすきまを大きくし、さらに太い胴体をずるりとアザラシのようにすべりこませた。ガラス戸を入ったところにソファベッドがひとつおかれている。

「なんだ、おかあさん、ねてたの？　こんなところに」

木かげのように涼しいへやでタオルケットに包まれて、絵描きがまんまるくなっていた。

絵描きは手さぐりでグレイの頭をなで、せなかをなで、そのまままたね入ってしまった。しーんとした部屋にグレイはぽつんとおすわりして、部屋の中をながめまわした。食べるものも遊ぶものもそばになかったけど、クーラーのきいた涼しくて気持ちのいい部屋で伏せをしてベッドの下でもう一度なでてもらえるのを待った。

十分、三十分……音も動く気配もない。

「おかあさん、おきてよ」

鼻で枕がわりのクッションをつつく。

絵描きがようやく目を開けられる状態になったとき、目の前に、大きなカオ、黒い鼻と黒い瞳の毛むくじゃらのカオがわずか十センチのところにあった。

「……。いったいいつからそこにいたの？　おまえ」

絵描きは一時間前に、チェロの弾きすぎで吐き気をもよおしベッドにたおれこんでいたことも忘れて、目の前の巨大な犬のカオに圧倒されていた。

「鼻、またふくらんできたね。おまえも涼しいところでひと休みした方がいいね」

絵描きはグレイの鼻柱をなでながら、今年の夏は日中だけでもこうしてクーラーのへやに入れてあげよう、と妙にやさしい顔をしてそう言った。

それから急に思い出したようにタオルケットをはねのけると、グレイのしっぽをふんづけるような勢いでベッドからとびおり、二階にかけあがっていった。――再びブラームスのソナタ。涼しい部屋でグレイはやっぱりその夏も上のアトリエに吹きまくる音の嵐をきかされつづけていた。

いったいどこがナイーブなんだい……と思いながら。

サンサーンス'94

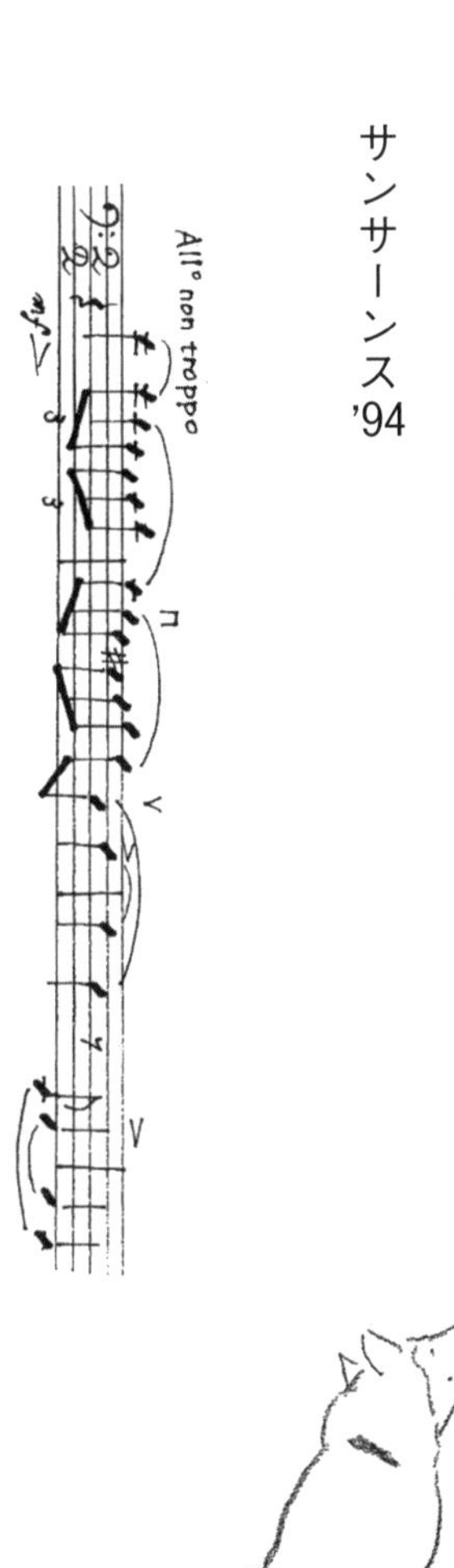

この軽快でちょっとおどけたような急降下は、グレイのお気に入りだった。というよりは、あんまりにもリズム感の悪い絵描きがこの冒頭部分をメトロノームにあわせて練習をくりかえしたものだから、グレイは曲のテンポや曲想よりも、メトロノームのリズムの方を体で覚えてしまったのかもしれない。

絵描きがチェロを弾きはじめると、犬は♩と♫と♬をしっぽで規則正しく振った。そして絵描きの弓と犬のしっぽのテンポは一階と二階お互いにみえない所で途中でかならずずれていった。

この時期学校から帰ってきたMたちが耳にするのは「おかえりなさい」というやさしい母親の声であったためしはなく、目にするのはこちらをむいて笑っているおかあさんのカオでもない。慣れっこになったふたりは、サンサーンスにむかって「ただいま」を言い、サンサーンスにむかって手をふったりあかんべえをするのだった。

発表会前日、子どもたちは夏休みに入ったうれしさと日増しに濃くなるサンサーンス漬けの状態から解放されたい思いで、夕方グレイをつれだした。

武蔵野の住宅街はどこも静かなのだが散歩のつれづれに家の建て替えがあちこちでくりかえされているのを発見する。昨日まで建っていた家が一夜にして廃材だけの平たい土地になっていたり、先日まで雑草のぼうぼうとおいしげる緑の空き地がコンクリートの駐車場に生まれかわっていたりする。しかし、ある一角の畑だけはいつ行っても畑だった。ダイコンやジャガイモの白い花や小松菜でのんびりした風景が、エンドウのつるやトウモロコシのひげや、トマトやキュウリのぶらさがりでにぎやかな夏の畑に変わっていても、畑の形や大きさや土の匂いは変わることなく、ふたりの子どもと犬は大きな深呼吸をした。

グレイは土の匂いをふんふんしているうちにうんちをもよおす。腰を低くして鼻で土の匂いをかぎながら両手両足をふんばって気持ちのいい瞬間を待つ。しっぽがぷるんぷるんとリズムをとる。……なぜか、サンサーンスのリズムを。テンポどおり出てきたうんちを大きいMがビニールぶくろにおさめる。アイスクリームよりも、画用紙よりも、今着ているTシャツよりも白かった積乱雲がもくもくと形を変えながら少しずつ少しずつピンク色を帯びていく。風も少し涼しくなって、ふたりと一匹はお互いの影をふみながらじゃれあって鼻うたを歌いながら家にむかう。

「Mちゃん、それおかあさんが毎日やってるあれだね」

ユーミンやザードの歌を歌おうとしても小Mの脳みそから出てくる歌は、無意識のうちにあれになってしまうのだ。

「私、あしたの発表会、何弾くんだったっけ。おかあさんの曲しか思い出せないよ」

「ぼくもだよ」グレイのしっぽも三連符きざみ。

雲が淡いピンクから茜色（あかねいろ）と紫色に変わったすっかり夕暮の中、三人はまだまだ暑苦しいサンサーンスの嵐の吹きまくる家にむかう。あと一日の辛抱だ。あしたの発表会がおわればおかあさんもおとなしくなるだろう。

そして、考える

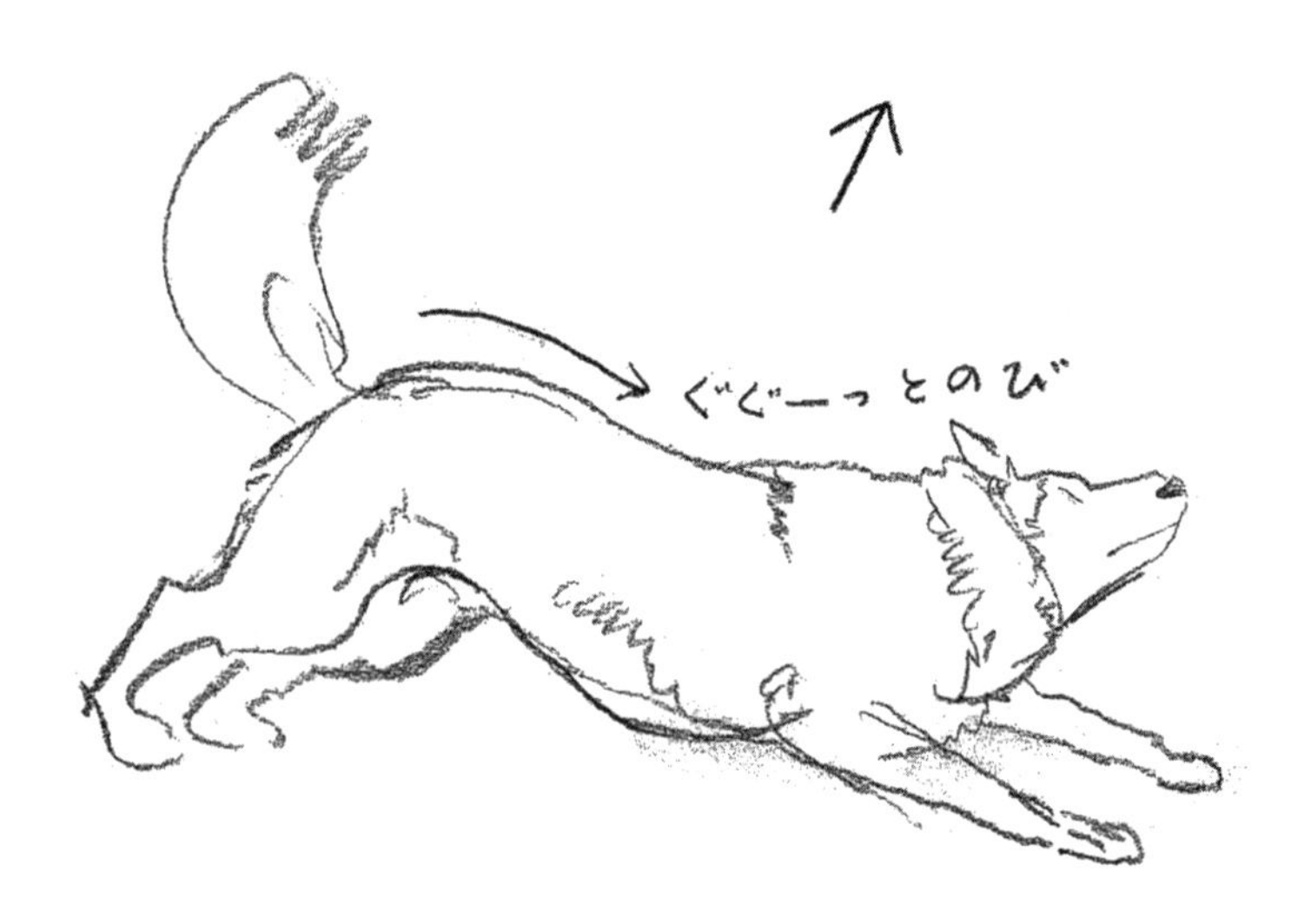
ぐぐーっとのび

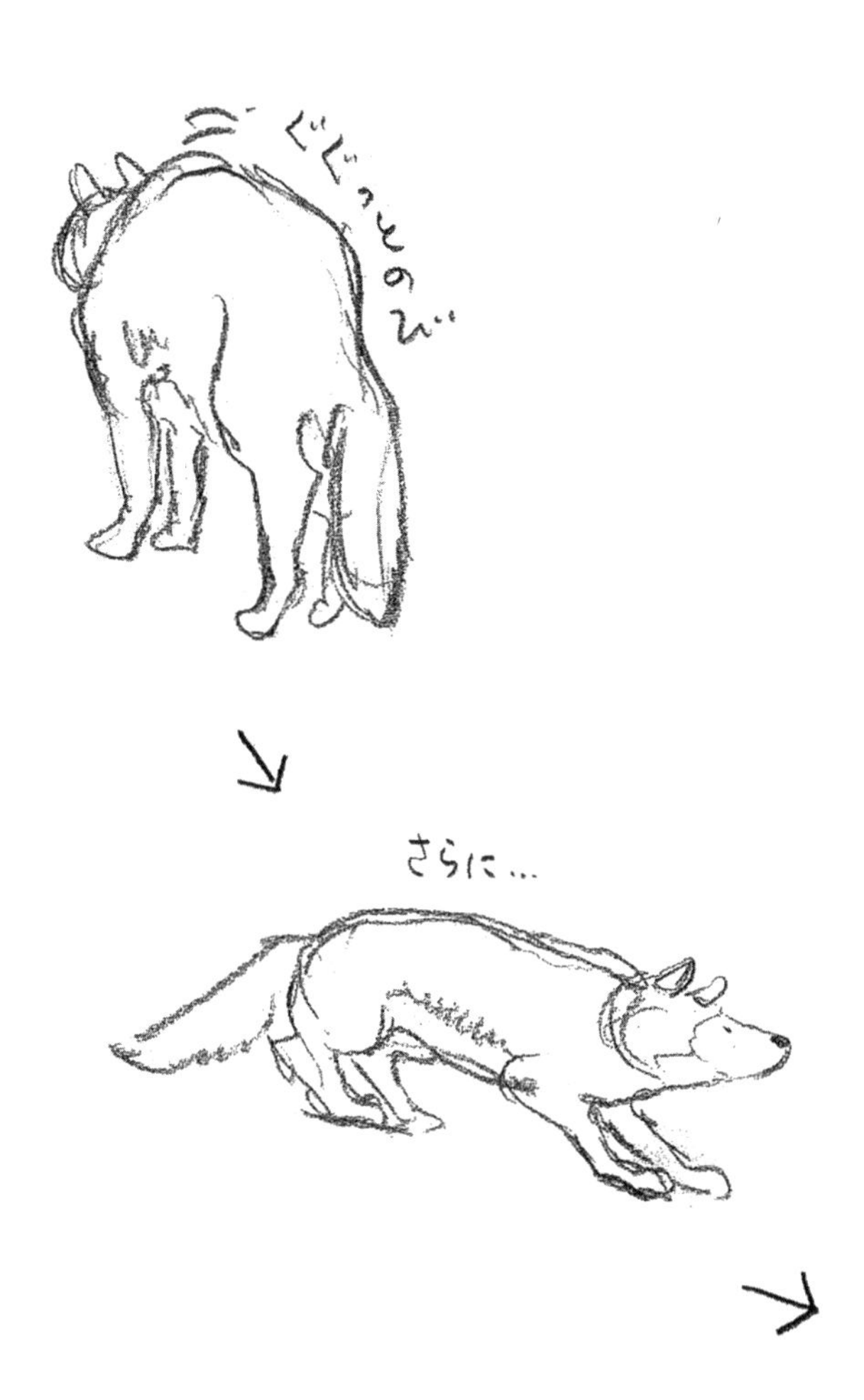
ぐぐっとのび
さらに…

とりあえず
そばのにおいを
かいでみる
よかった
ぼくの庭だ
ふんふん

昨日・今日・明日

笑う人笑う犬

今日も、女子大生たちが家の方をみながら笑って通りすぎていった。小さな男の子と母親がフェンスの前で立ちどまって庭の方をみて何やら話しながら笑って去った。おばあさんが門の前を通りながら口の中で何かぶつぶつとつぶやいてこっちをみて手をふった。

絵描きは家の中にいて、門の方にむいた窓の外をながめていたので、家の前を通りすぎる人がみんな自分にむかって手をふってくれているようで、幸福だった。

実は、家の前を通る人はみんなグレイに微笑みや口ぶえやあいさつを送ってくれていた。絵描きからは、玄関でねそべっている犬の姿はみえない。どんな格好をしてそこにいるのか、どうして人々がついつい笑顔をこぼすのか。グレイも笑いかえしているのだろうか。実際あんまり暑いとき、耳までさけた口ではっはっと息をするそのカオはまるで笑いをこらえているようだった。

グレイはそこにいるだけで人の心を平和にするらしい。道の向こうの知らない人も一人の絵描きをも。

よその犬は みんな
かしこく みえる。

おまえ、たるんではいないかい？

グレイのさんすう

犬は数をかぞえられるか。

左の手のひらにいっぱいジャーキーをのせて右手でひとつつまんでグレイの前に立つ。グレイは必ず左手の方をみつめてから、さしだされた右手のジャーキーをあわてて食べる。そしてじっと左手をみつめる。また右手でつまんでさしだすと、横目で左手をみながらジャーキーに食らいつく。左から右へ移動するおやつに次々と飛びつくのだが、にぎられた左手のこぶしは無限にジャーキーを生み出す食料庫だとでも思っているのかすっかり食べつくしてもじっと絵描きの左手をみつめつづけている。

毎朝、家族がひとり、またひとりと家から出ていく。「いってきまあす。グレイバイバイ」とはじけるように飛び出していった小Mの十分後、大Mが登校する。なぜかこのごろ大Mは朝の準備に時間がかかる。髪がのびた分だけ鏡の前の時間がふえたからか。

ふたりが出ていった数分後、建築家が自転車に飛びのりあいさつもそこそこに（こっそり帰ってきて長々と頭をなでてくれる夜中のあいさつとはえらいちがいだ）風のように去る。

毎朝このあわただしさの中で、お散歩にさそってもらえることはない。だがしかし、家の中には絵描きがひとり残っているはず。

4－3＝1

グレイは、ドンドンと玄関に体あたりして、散歩をせがむ。ドンドドドーン。グレイちゃんだよ。あけておくれドンドーン。……反応はない。絵描きは朝の弁当作りをおえただけで、もうくたびれて再び眠りこけているのだ。また明け方まで仕事をしていたのか、よほど家事育児の才能がないのか。

グレイはぼーっと陽だまりの中ですわっている。クリーニングやさんがくる。

「やあ、グレイ。おでむかえは？　お母さんまたねてるのかな。Yシャツとズボン玄関においていくからね、あとでお母さんにいっといてね」

頭と鼻づらをなでられてグレイはいい気持ち。でもクリーニングやさんはうちの人ではないからすぐに出ていく。まだ家の中にひとりいるはず。

1（うちの人）≠1（よその人）

急にいつもとちがう匂いがして玄関がぱっとあくとみなれない女が立っている。スカートをはいて化粧をして、えさの皿をもってニーッと笑っている。

「すぐ帰ってくるからね、はいごはん。そうしたらおさんぽいこうね」

目と鼻がおいしい匂いにくぎづけのまま返事をするひまも与えられなかったグレイの耳に、絵描きの自転車の音が遠ざかる。

家にはもう誰もいない。ドンドンしても無駄だ。

1－1＝0

お昼すぎ、小Mがバタバタと帰ってきて、かばんを玄関に放り投げるとすぐ自転車にのってどこかへ行ってしまった。グレイはのそのそと起きて、散らばった家族の匂いをさがしてみる。大Mの匂いが近づいてきた。

「グレイ！」

大Mが何年ぶりかであったみたいに大げさに抱きついてきたので、こんどこそおさんぽ！と思うとグレイのしっぽが大きくゆれる。五分ほど玄関で頭をなでたり鼻をかいてくれたりしてお水も冷たいものにとりかえて大Mは家の中に消える。

「今日のおさんぽまだだよ」

ガラス越しに家の中をのぞいているグレイを後に、もう玄関をころがるようにでてきた大Mがバイオリンのケースとかばんを自転車のかごにつめこんでいる。

「たいへんたいへん、おくれちゃう。おさんぽあとでね」

大Mはおけいこにむかって自転車ごと消えていった。庭に一台も自転車がない……ということは、家の中に誰もいないということ。

4－4＝0

グレイはフェンスの外に耳だけ向けて陽だまりの中に伏せていた。何回か水をのんで何回もうつらうつらしたので、足し算と引き算のつづきを忘れてしまった。庭の木や石の影がのびてひんやりしてきたので、夕方だ。

家の中は静かだけど誰かいるかもしれない。自転車の影も形もみあたらなかったけどぼーっとした頭でグレイは考える。もしかしたら三人ともいるかもしれない。そしておやつを食べているかもしれない。そう思うといてもたってもいられない。

ドンドンドーン
玄関をたたく。とびつく。体あたり。

おやつおやつ！　おさんぽおさんぽ！

後方でなつかしい声と自転車の止まる音。大Mと絵描きがそろってフェンスの外に現れた。

「やあ、グレイちゃん、ただいま。Mちゃんとそこであったのよ。おるすばんありがと」

「あれ、小Mまだ帰ってないね」と大M。

たった今までだあれもいない家をゆらしていたことも、おかあさんがちっともすぐなんて帰ってこなかったことも、今のグレイにはもうどうでもよかった。今目の前に確実にふたりいる。どっちでもいいよ。おさんぽいこうよ。ふたりいるから、二回いけるよね、小Mが帰ってきたらまたもう一回行けるよね。やくそくしたもんね。グレイの瞳と鼻はピカピカのまっ黒に、期待の色で限りなく広がる夕焼けの中で輝いた。

1＋1＋1＝∞（無限大）

道路から土手にとびのろうとして失敗。
少しずつズリおちていく自分の姿を
グレイは知っているのだろうか

字をよんでいるわけではない
看板のむこうがわから頭が
でているのがこわいのだ
?
←工事中につき
う回して下さい

銀色の風〈グレイがまだ小さかった時のお話〉

ある日、Mたちが庭で犬と遊んでいると、門の前で大男が立ちどまった。ゴムで束ねた銀色の髪、黒めがねの下には灰色のゴワゴワのひげ。黒いTシャツにブーツ姿のその人の肩のあたりには草原の風がふいているようだった。

「ほう。おまえがグレイか。どれどれ」

低い声でつぶやくと、大男は勝手に門をあけて入ってきた。ちょっとこわいけど、どこかあたたかい風の匂いのするその人を、Mたちが庭に立ったまま見つめている。グレイも警戒する様子はない。

「あ、おとうさん。久しぶり。この子なのよ、問題の子は」

女絵描きがそういいながら庭に出てきた。

その人は女絵描きの父親らしい。

つまり、Mたちのおじいちゃんだった。

「やっぱり！　絵描きのおじいちゃんだ。そんなめがねかけてるからわからなかったよお」

自分たちのおじいちゃんを一瞬こわいおじさんと思ってしまったことをかくすようにふたりは大きな声で合唱した。展覧会でしかあわないからおじいちゃんの顔よく覚えていなかったけど、Mたちは、草原を走る馬や犬たちの息づかいがきこえても木もれ日の匂いがするおじいちゃんの絵が好きだった。

「まだそんな髪してるの？」

子どもの朝ごはんを作らない絵描きと、孫より先に犬をかわいがる絵描きが話しはじめる。しつけの本をいくら読んでも、家中の椅子をかじり、すのこの家をかじり家族たちの手をかむくせがいっこうに治らないグレイのことで数日前電話をした。

女絵描きは、人間の子どもを育てるのはへただったが動物に関してはおそわることの多いこの父親をたよっているようだった。

「孫のおもりはできないけど、犬のことなら行くよ」

と、さっそく来てくれたのはいいが。まっ黒いサングラスの下にどんなやさしい目がかくされているかなんて、人は知らないものだから、この大男が歩くとたいてい人はけげんそうに道のわきに少しずれた。この大男は、飛行機でハイジャックの犯人とまちがわれたことがある。生まれ故郷の北海道にスケッチ旅行にでかけた時のこと。羽田の出発ゲートで金属探知機にひっかかった。ジャケットの胸ポケットから切り出しナイフが、リュックからはスパナが出てきたからだ。

牧場や山でスケッチ中に、クマがでたらスパナでなぐり、ナイフはりんごをむくためだ、と答えたら、飛行場の人たちがあきれかえったそうだ。国籍不明、年齢不詳のこの風体ではしかたあるまい。

　大男はグレイに自分のひじをつき出してかませると次の瞬間、「いけない！」と叫んで口の横を強くひっぱたいた。キャーンと悲鳴をあげると、グレイはすごすごと後ろへ引っ込み、おなかをみせてごろりと横になった。

　おなかをなでながら、おじいちゃんは、

「かわいがるのと甘やかすのはちがうんだぞ」

と、Ｍたちにいっている。

　小Ｍがさっきより少しおじいちゃんの背中に近づいていった。

「おとうさんが犬小屋を作ったんだけど、グレイはいつも外でねるの」

「昔かっていたクロは雪の中にうまってねていたものさ。冬の朝、戸をあけると、雪の小山がムクムクとおきあがるのさ。グレイはハスキー犬だから外にいる方が好きなんだよ」

「ふーん」

　二人は感心したように、いつのまにかおじいちゃんと並んでグレイをなでている。グレイもかみつこうとしない。

「散歩の時は飼い主と同じ速さで歩くようにしておくんだ。今からおじいちゃんと散歩に行くか？」

「いくいくー」

グレイの白いしっぽが風に光り、Mたちの笑い声が花のように道ばたにこぼれていく。

むかしむかし、スケッチ帖を片手にぶらりとでかけると、いつも無言で空や草をみつめている若い父親がいた。子どもは子犬のようにその後ろからついて歩いた。

あの時の子どもと同じ年ごろのMたちが今、すっかり枯れた銀色の風についていく。

永遠の五月

花子が死んだ。地方紙の小さな記事が送られてきた時、絵描きははじめて花子が自分より若かったことを知った。

三十八年前、北海道の山奥で一頭のクマが撃たれた。そのそばに生後まもない赤ちゃんグマがいた。H市の小さな動物園が子グマを育てることになった。

オリに『花子・ヒグマ・五月生まれ』の札。みなし子になってひきとられてきた日が誕生日になった。子どもは自分も五月生まれだったので、花子をその時から同じ年だと思いこんでいたようだ。

北の国の春は唐突にやってくる。いろいろなものを運んで。梅も桜もたんぽぽもスズランもいっぺんに咲きはじめた五月のある日、小さな小さな町で子どもが生まれた。風が青く光っておいわいにかけつけた。こぼれるような色彩と光に不似合いなまっ黒いノラ犬もどこからかその町にやってきた。のみだらけで。子どもの誕生日に迷いこんだきたない子犬を、父親は歓迎して家族の一員にした。

子どもがはじめておすわりした日、目の前にクロがいた。よちよち歩きのあともクロがついてきた。金太郎のはらまきをしたら、クロはクマだった。そのころの写真にはいつも、子ども

のそばにボロ布のような黒い犬が写っている。平和そうにベロをだしてねそべって。のんきな大むかしのいなかのこと。首輪もしていなかったクロは、ある年野犬狩りにつれていかれた。人と動物の境も学ばぬうちからそばにいた最初の友だちは、こうしていつのまにか消えた。

クロの永遠の不在の後まもなく、小さな町にクロの思い出をおいて、一家は大きな町に引っこした。新しい家のすぐ横に公園があり、その中に動物園があった。満開の桜の木の下で子どもとクマは出会った。

黒い小山のようなクマは、子どもにクロを思い出させた。「花子に会いにいこうよ」日曜日になると、子どもは父親にせがんだ。しかしやがて、父親は病気で遠くの町に入院した。子どもはひとりで動物園に通った。

花子の目はなんだか悲しい色をしていた。子どもは花子のオリの前で永遠をながめていた。クロもいない。おとうさんもいない。でも、おまえと私は五月生まれの同じ年のおともだち。

昨日と今日は一本の線で結ばれているけれども、けして同じ昨日と今日はない。子どもは前しかみない。前へ前へ歩きながら、見るもの聞くもの吸い取り紙のように吸収していったら、その先は忘れることしかない。子どもは忘れるかわりに絵を描いた。忘れたくないことがいっぱいあったから、絵を描くことに終わりはこないようだった。

子どもの上にいくつもの五月がすぎた。

『花子が死んだ』

小さな新聞記事が三十数年前の子どもの昨日を永遠にした。いや、五歳のあの日、昨日は永遠に終わらないことを子どもはとっくに感じていた。

たんぽぽやしろつめくさの原っぱにクロがねそべっている。五月の光の中で子どもが笑っている。花子の上に、オリの上に、桜が雪のように舞っている。永遠の昨日。

はぐれ雲

グレイはぼーっと東の空をみていました。

スズメや気の早いカラスが庭の木やポストにとまったり、地の中の虫が夜のつづきのまま鳴きやまずにいる午前五時頃。地獄のように暑かった日々も永遠ということはなく、秋の入り口はもう目の前にあるようでした。

むしむしした暑さでしなびれるしかなかったひげや、照りつけでひからびる鼻、汗のいき場のない純毛のダブルコート、クーラーのへやですごせた今年の夏は、そんな自分の体のことをグレイは忘れていられました。発作も一度もおこしませんでした。

気がつけば、元気な体のまま、そろそろ外の空気の方がいいかなと思っていました。

東の空は琥珀の粉をまぶしたような光がうす紫色の空をおしのけたと思ったら、一気に白っぽい朝になりました。

おさんぽ……グレイはつぶやきます。

おなかすいた……グレイは考えます。

そろそろかな?

すさまじい暑さの外では意欲を失っていたこれらのことが急にもどってきた――やっぱり北国の犬です。

でも、ひとつさっきから体のどこかで感じる不思議になつかしいこの感覚……なんだろう。家の中では、夏と秋の境目にも気づかない鈍感な家族が眠りこけていました。いえ、夏の中に時間をおき忘れてしまうほどにここの人間たちは疲れ果てていたのです。

この夏、銀色の絵描きさんが遠い遠い所へ旅立ちました。そう、女絵描きの父親で、あの草原の風のような大男、銀色の髪とひげの、ハイジャックの犯人とまちがえられたMたちのおじいちゃんが。

一ヶ月位前だったでしょうか、その人がふらりとやってきて門をあけて入ってきた時、グレイは誰だったっけ、このなつかしい匂いの人、風の匂いのする人……と思いましたが、絵描きのおじいちゃんだと確信はもてませんでした。その人の匂いはかすかにかすかに北の国の風が匂いましたが、枯れ草か枯れ木のようなたよりない感じがしました。それもそのはずでした。その人は前にあったときより二十キロくらいやせていたのです。グレイはあのころの二倍以上の体重になっていましたし、年は四倍にもなっていたのです。

だれだか忘れたけどなつかしくてたまらなく信頼できる感じのその人に、グレイは無意識のうちに飛びつきました。その人はまるでうすい板がたおれるように、ヒラリと宙に浮いたかと思うと玄関のたたきの上にしりもちをついてくずれてしまいました。それほどにやせて、そして弱っていたのです。

「ほほう、おまえがグレイか……」と言ったあの日のあの時の風のような雰囲気はもうありませんでした。

「大きくなったなあ、重たくなったなあ」

やせた絵描きはグレイの太い首にうでをまわすと、毛をかきむしるようになで（このやり方はなぜか女絵描きとそっくりだった）鼻と鼻をくっつけて（ああ、これも同じだ）、

「元気でいいな、おまえは。立派な犬になったな。かわいがってもらっているか？」

立派な犬――ひびきのいいそのことばに、あんまりうっとりしたので、グレイはその先のことばには耳がふさがっていたようでした。

昨日――まだ夏でした。――突然、女絵描きはグレイをおふろ場にひっぱっていき、乱暴にシャワーをあびせかけました。夏中のほこりとごみと、その前の梅雨時のよごれと匂いとダニをいっぺんに洗い流すようなすごい勢いの洗い方に、グレイは身をまかせる他ありませんでし

た。

ランニング一枚になって、怒っているのだか笑っているのだかわからない絵描きの顔中からシャワーのはねかえりの水や汗が、ぽたぽたおちつづけていました。

〈ぼくの体があんまりきたないから、おかあさん泣いているのかな〉

グレイは大きな体を小さくして、申しわけなさそうに体を洗ってもらいました。シャワーがおわると、絵描きは大きな犬を大きなバスタオルに包み、なでたりたたいたりして、それからひきづなをつけると庭にぐいぐいひっぱり出しました。

庭においだされたグレイは、絵描きにブラシで頭の先からしっぽの先までなでとかしまくられました。暑さでかなわない上に、いたいのとかゆいのとで思わずグレイは絵描きの手に歯をたてましたが、絵描きは少しもおこらず、だまってだまって毛をすきつづけました。夏の毛がいくつもの小さなひつじ雲のように庭に舞いあがりました。

「おまえが、くさかったってよ。きれいにしてやれよって。おふろに入れてやれってよ。毛をすいてやれってよ。おとうさんが言ってたよ」

しつこいくらいブラッシングをしつづける絵描き。みると絵描きの目からぽとぽとと涙がこぼれています。グレイは、手をかみすぎたから痛かったのかな？　と、少し悪いような気持ちになりましたが、自分がくさいだのきたないだのと言われてみて、少し前のあの日の気持ちが重なってきました。

りっぱな犬になったな
おまえは… それにしても
くさいなあ…
ふろに入ってるのか？
毛はすいてもらって
いるのか？
銀色の風の人に
ほめられて うれしいグレイ

ひつじの日

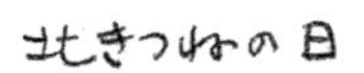
北きつねの日

パン

夏の夕方 グレイのかげは
細くスマートになる

風の匂いのする銀色の絵描きさんが、しりもちついたまま同じ姿勢で自分の首にうでをまわしながらつぶやいていたことばも、そんなことばだったような気がします。

「立派な体になったけど、それにしてもおまえはくさいなあ。ふろに入ってるのか？　毛はすいてもらっているのか？　かわいがってもらってるか？」


あの人……もう来ないのかな？

けさの空気が昨日と少しちがうように感じたのは、今日が秋の入り口にあるからだけではないのかもしれません。グレイは黒く艶のある鼻をひくひくとさせました。すこしさびしい匂いがします。

世界のどこかで何かがひとつかけたような感じです。誰も気づかないほど世界の大きさは変わらないけど、でも昨日と同じでない世界のどこかに少し風が吹いて、グレイの心のなかに波のようなものがさんざめきました。

あの人……また来てくれるかな？

「グレイ、立派な犬になったな」

って、また言ってくれるかな。実際、ぼくはもうくさくないし、こんなに白い毛も出てきてきれいになった。

白っぽかった東の空は静かに少しずつ青味を増し、明るいレモンのような朝が庭中に広がりました。家の中で、誰かが起きた音がします。

今日はクーラーのへやに入らなくてもいい。外の空気の中にあの人が訪れてくるような気配がするから……グレイは伏せたままじっと目と鼻と耳を門の方に向けて空をみていました。

空にはぽかりとはぐれ雲が浮かんでいます。

感謝知らずの犬

散歩の途中、グレイの歩き方が急におかしくなった。うっうっと、右足を地面におろす瞬間を痛がり、すぐにひざ（？）をまるめて体の内側にねじこむようにする。さりとて四本脚を交互に出さざるをえないから、ひどく辛そうにして歩いては途中で前のめりになってたおれそうになる。

家の手前わずか五十メートルの所だったが、「がんばって」「もう少し」「ほらいたくないよ」と、小さい子をあやすように（しかし小さい子のようにだっこはできない）ごまかしごまかし家までたどり着く。

フェンスを開けると、グレイはなだれ込むように庭にかけこみ、玄関まで来ると安心したようにだらしない横ずわりになって伏せた。

「右手をみせてごらん」

グレイは素直に前の手をさしだす。「おて」の時もこのくらいすばやくすなおに出すべきだ。黒い目が絵描きをみつめている。世界には絵描きしかいないかのように全身が目を通して絵描きを求めている。

「おかあさん、いたいの」

大きな肉球と小さなふたつの肉球の間に、大きなバラのトゲがはさまっていた。十五ミリくらいある。三つの肉球がトゲをはさみこむようにして、その空間が歩くたびに外側から圧縮されていたのだ。これでは痛いはず。

トゲをぬいてやると、グレイはいつものカオにもどっていた。

「あんた、いつまでそこにいるの？　お水とおやつがでてないねえ」

草地

たべてもたべてもへらないかき氷のような雲が東の方に湧いていたが、細かいあなとかがりもようの雲がレースのように西の空一面をゆっくり泳いでいた。

絵描きが草ぼうぼうの空き地のまん中で、小さなスケッチ帖をひらいて空のスケッチをしていると、郵便やさんがバイクで通りすぎた。

「あれ、こんな所で空みあげて、何かしている人がいる。……あの人かな」

毎日毎日配達で通る空き地だが、そのまん中に人が立っていることなんてあまりなかったので、郵便やさんは一瞬目の端に映った風景の変化に〈いつもの配達先のあの人ににてる〉と思いながらも、バイクをとめてわざわざ確かめに行くのも変に思えて、風のように空き地を後にした。

右に曲がり左に曲がりをくり返し、偶数番号を終わり、奇数番号に沿ってさっきの道を戻ってきてみると、まだ絵描きは草地のまん中につっ立ったまま口をあんぐりあけて空を見上げては小さい四角いものに何か描きこんでいた。

だんだん気になりはじめた心を放っておけなくなってきたので、郵便やさんは、オートバイのスピードをゆるめながら、草地に目をこらしてみた。やっぱりあの犬のいる家の人だ。いつもねぼうで朝の速達をもっていくと、何度もブザーをおしてやっと、パジャマのままぬら〜と現れる。

大きな灰色のうすぎたない犬が、たいてい玄関のあたりにいるのだが、その犬は門の方をむいて伏せていることもあるけど、玄関のドアにむかっておすわりの姿勢のままこちらに背中をむけていることが多い。チョコレート色の木のドアには、犬のつめでひっかいたりたたいたりの跡がひからびたドロといっしょについている。しょっちゅう家の中にむかって家人を呼んでいるのだろう。

「郵便やさんがきましたよ」

「クリーニングやさんがきましたよ」

「宅配便やさんですよー」

郵便やさんの姿をみるとこの犬は、うれしそうに自分のカオをみて、勢いよく立ちあがるとドンドンドーンとドアをたたきはじめる。まるで、庭であそんでいて、〈おかあさんだれかきたよ〉と知らせる小さい子どもみたいなんだ、実際あの犬は。

ブザーと犬のノックでやっと出てくる午前中のその人の姿をしっているので、今目の前で、目を天と地の間で行ったり来たりさせながらせわしなく手を動かしている絵描きが何をしているのか、なぜそんな所につったたっているのか、郵便やさんにはまるで理解できないでいた。

オートバイの音で絵描きの手がとまり、目と目があった。

「こんにちは」

ゆるゆると通りすぎながらようやく止まったオートバイの上から、首をねじむけて後方の草の中の女に声をかけた。

「……」

女からの返事は返ってこなかった。また空に何かみつけたのか、まるで宙から何か見えないものをひろって手にもっている紙片に移しとっているようだった。

「やっぱりあのおねぼうさんだ」

AM10:00　まだ雨戸がしまっている
絵描きの家。

昼でもやっぱりねぼけているのかしら。一週間ほど前の夕方もそうだった。郵便やさんは夕焼けに向かって局に帰る時、となり町のやっぱり草ぼうぼうの空き地で、夕焼けに向かって何やらメモしている人の姿をみた。その時は、誰か天気の観測でもしているのかな、と思って気にもとめなかったが、あれもきっとおねぼうさんだったんだ。きっと一日中ねぼけて、あちこちふらふらしてるんだな。飼い犬によくにてるな。あの犬も配達に行くと、あおむけになったままぼーっとして、首だけ動かしてこちらをみていることがある。ひどく無精な犬だけど、世界中、道行く人、ブザーをならす人、みんないい人だって信じきっている目をしている。

でもいったいあの人はいつも草の中で何しているんだろう。ＵＦＯとでも交信していたのかなあ……。

画用紙のはがきの束でできているスケッチ帖に、雲のスケッチをして、いろんな雲の絵はがきを、絵描きが毎日ポストに入れていたことなんて、この郵便やさんは知らない。

友だちや、遠くに住む銀色の風の絵描きや、獣医さんや、自分自身に宛てて。

そして一週間前の茜色の空の絵はがきを昨日おねぼうさんに届けたことも、さっきの草地の上のうろこ雲の絵はがきをこんどはグレイに配達するなんてことも、郵便やさんは全く知るはずもない。

おねぼうさん
いる?
POST

気分はおすわりの日

グレイの入院

朝の目覚し〈体当たりドアドンドーン〉がない。クサリのチャリチャリという音もない。声もない。匂いもない。それどころか本体もない。

グレイが入院した。

大きな発作だった。かつて経験したどの発作よりも。そして、それはあまりにも突然やってきた。毎日一・五錠飲みつづけていた抗てんかん剤が体質にあっていたのか、気圧の変化に体が順応したのか、一年以上、発作もなくきていた。

「もう治ったのかもしれないね」

「ぼーっとしているけれど、いつのまにか無事四歳になったね」

グレイの身に〈何ごともなくおわった〉その日、夕食を食べながら家では、のんきにそんな話がされていた。

明日は北の国の展覧会の準備のため、午前中の飛行機で東京を発つ、という日だった。絵描きは徹夜つづきで最後の一〇〇号をしあげ、心をすでに会場のあるO市に飛ばしていた。この一週間グレイの散歩はMたちが交代でひきうけ、絵描きは雑用で外出することがあってもスタスタとグレイの前を素通りする日がつづいていた。

おやつ、まだ？――

おさんぽだよね――

せめてだっこは、スリスリは？――

どこへ行くの？　おかあさん――

日に日にグレイの目にさびしさがたまっていき、やがて追いすがるような目の色になってきていたのがわかりながらも絵描きは制作とO市行きの準備に心うばわれて、グレイの頭をなでる時もどこか上の空だった。まるで絵筆を洗うように機械的にグレイの毛をなでていた。

しかしそれでいて、家人がめずらしく全員そろった金曜日の夜の入り口で、「どすん」という鈍い音に気づいたのは絵描きだった。

不思議と、家の中にいても、その時はわかる。

その時――しずかだった外のどこかに低い鈍い音が乱れて発生する。金属の水の皿がひっくり返る騒々しい時もあるが、たいていはドスン、ドスン、ゴトゴト……とこきざみなけいれん

の音、音というより響き、石のたたきの上で、あるいは土の上で、体を硬直させてひきつける
その振動が伝える無音の音。
「またやった！」
と、飛び出す絵描き。そしてあの光景。
唇の端が笑ったようにひきつりアワを吹き、どこか必ずぶつかったりかんだりで血を流し、
石のようにかたまった体、ちぢんだ手足、見開いた目に黒目はなく――
タオルをくわえさせ、静かになるまで待つしかない人間。

しかし今度の発作は、今までみたことのないものだった。体の硬直がほどけてきて、よたよ
たと立ちあがり、庭で放尿脱糞したあとも、目の光が戻らない。のどからしぼり出すようなキ
シキシときしむような声も発さず、無目的にただただぐるぐると歩きまわるグレイ。まるでグ
レイの周囲に見えない丸いオリがあって、それに沿って永遠に歩きつづけている、という感じ
であった。家人が交代で出てきて呼びかけても同じだった。
しずかに冬が近づいている気配の夜の外にひとり残して家のドアを閉めるのはしのびなく、
玄関の中に新聞紙とタオルをしきつめてグレイを入れる。
グレイは自分が誰なのかどこにいるのかもよくわかっていない様子で、玄関の中を同じよう
にぐるぐる回りつづけ、時々ドアとかべのコーナーに鼻先をつっこんだ姿勢のまま彫刻になっ

ていた。名前を呼んでもふりむかない。――そしてその夜中、二度めの発作。

深夜であったが、獣医さんに電話をした。手もとのくすり（いつもの抗てんかん剤）をとりあえずのませて、朝まで待つように、との指示。

眠れないまま特別に長くて重い夜が明けるころ、グレイも疲れたのかぼーっとした顔をこちらにむけてタオルの上にまるくなっていた。

しらけた朝日が弱々しく玄関にさしこみはじめたので、ドアをあけておしっこに出してやると、ふらつく足で出ていったが、無表情な顔をしてすぐに戻ってきた。〈やれやれ〉と思うひまもなく、突然グレイがこわれた。頭をあちこちにぶつけながら今入ってきた玄関のドアのすきまから飛び出していったのだ。ドアのノブにくくりつけてあった短い散歩づなをひきちぎるかと思うくらいぐいぐいとひっぱり、首のくさりをのどにくいこませ、それでも、まだどこかへ行こうとしてあばれている。目がつりあがり、自分の意志のないところでグレイは暴走をはじめた。

玄関わきのかさたてをたおし、大きな鉢をけたおし、となりの生けがきにむかって（むろんひもはそこまではとどかない）もがき、あがき、手足をばたばたさせ、宙を泳いでいた。

早鐘を打つ心臓をおさえながら、それでも病院の診療開始時間までは待てず絵描きは獣医さんを呼んだ。

おそろしく長い時間に思えたがおそらく十分もしないうちに二人の女医さんが車で来た。

「のませられますか？」

ひとりがさし出した麻酔の錠剤を、いそいでグレイの頭をつかまえて絵描きは、かみつかれるのを覚悟してのみこませた。

血走った目、耳までさけた口、表情はグレイのそれではなかった。

もう一人の女獣医さんが、素早くひもでグレイの口をぐるぐると巻いてしばった。そうして二人で半分ずつグレイを抱きかかえて車にのせると、

「脳圧が上がっていると思うので検査します」

と言いのこして走り去った。

POST

ノウアツ？　脳圧ってなんだ？　今までのくりかえしの発作の時に一度もきいたことのないことばだった。

グレイを入院させたので、Mたちが土曜はお昼で学校から帰っても次の発作を心配して玄関にへばりついている心配はとりあえずなくなった。絵描きは獣医さんと電話でしょっちゅう連絡をとりあうことを約束して、それでも不安だったので、北海道行きの飛行機をその日の最終便に変更した。展覧会場とのうちあわせの予定は変更できなかったのだ。

夕方家を出る前と、千歳空港からとO市のホテルから、獣医さんに電話をした。病院でもまた発作を起こしたと言う。いったい何がおこったのだ——抗てんかん剤を規則正しく一・五錠毎日のんでいて、この一年間発作がなかったというのに——

グレイの退院

翌日曜日、絵描きは仕事のあいまの短い時間をみつけては獣医さんに電話しグレイの様子をきいた。そしてきいたことをそのままMたちにも伝えた。

AM10：00
「夜中じゅうずっとつきそってみていらしたので院長先生は今眠っていらっしゃいます。グレイも今はねているようですね」
若い医者の報告に、眠るグレイと眠る院長先生の姿を想像して絵描きの胸は熱くなる。
PM2：00
「おちついていますが、くすりのせいでぼーっとしています。でもよく食べてますよ」
ああ、やっぱり食欲だけはどんな状態になってもある。グレイのグレイらしい最後の部分なのか。
PM6：00
「ほとんど眠っています。軽いけいれんをおこしかけたので注射打ちました」
「あした東京に帰りますが、退院できますか」

「あしたの様子で決めましょう。またお電話ください。一応二十四時間体制でみていますから」

——そんなにひどいのか。そんなに異常事態なのか。ここで、こんなことをしている場合なのか——


雪の季節にあわせてＯ市で展覧会を実現するために今、絵描きは走りまわっていた。この夏遠いところに行ってしまったあの銀色の風の絵描きとの二人展をする。そのために自分の作品制作と同時進行で、風の絵描きの作品リストとアトリエの整理、会場とのうちあわせ、予告、案内状などの準備、原稿書き、搬入搬出の検討——やらなければならないことが山ほどあったが、その忙しさの中でグレイにさびしい思いをさせていたのではないだろうか。Ｍたちもそうやって育ててきたのだが犬はうったえることばをもたない。てんかんは個体によって発作の原因も症状も異なるという。グレイは夏の暑さや紫外線のアレルギーで脳のどこかが時々故障するけれど、気圧と気圧の谷間で自分の意志のおよばないところでひきつけてしまうけれど、心のさびしさが無意識に発作をよびおこしているということはないだろうか——Ｏ市のホテルの一室で、絵描きは前々日からの睡眠不足にもかかわらず眠れない。とりとめもなく、絵描きとくらす犬の身の上におこった一連の風景と元気な姿のグレイが重なっては消えていった。

月曜日、白髪としわを三本増やして絵描きは帰ってきた。

気まぐれで忙しすぎる母親においていかれることに慣れっこになっている子どもたちは二人で起きていつものように登校したらしい。家も庭も空っぽだった。

落葉でいっぱいの庭のそこここに、みえない犬が、のんびりねそべっている。絵描きをみつけて近づいてくる人なつこい犬の息づかい。浅い冬の日だまりの中にたったたまま、絵描きはつぶれそうな胸で考える。

「グレイはまってやしない。グレイがまってるからなんていつも思って、いつも急いで帰ってきたけど、うちのグレイはまってなんかいない。――グレイをまってるのは私らしい」

玄関のカギをあけ、荷物をおくと、受話器をとった。

「脳圧がまだ完全に下がっていないので、もう一日様子をみましょう。……これからも、こういうことはたびたびおこると思います。前のくすりが効いていたのとちがう段階にきた、と考えてもいい。

くすりをちがう種類の強いものに変えました。……根治はムリでしょう。定期的に発作をおこすでしょうが、対症療法という形で、やっていきましょう。……」

現在、この病院では十匹のてんかんの患者犬が外来できているという。ある一匹は、ほとんど発作とけいれんをおこしっぱなしで、点滴漬けとの話だった。

旅の荷物を整理し、着替え、子どもたちのちらかしたへやのかたづけを終えると、絵描きは庭のみえるガラス戸のそばに立った。レースのカーテンを透かして、道行く人が笑わないで通りすぎていく。散歩づなのくさりの先の金具が鈍い銀色に光って力なくぶらさがっている。ひからびたごはんつぶが二、三個くっついたままのえさの皿と空っぽの水の皿。

火曜日、丸二十四時間発作もけいれんもないことを確認され、新しいくすりを三十日分おみやげにもたされてグレイは帰ってきた。獣医さんに送られて帰ってきたグレイは、絵描きのことを識別できないほどにもうろろう状態だった。三日間ひたすら、けいれんを起こさないようにすることを目的とした入院だったので、注射とくすり漬けだったのだ。眠らせるための麻酔と脳圧の降下剤を計十二本も打たれていた。

みえないのか、きこえないのか、反射神経がまだ眠っているのか、絵描きや家人の動きに対してのグレイの反応は全くなかった。何か考えている様子も、不安気な様子さえもなかった。瞳は鈍い黒で塗りつぶされた穴のように、無表情だった。首のまわりにうでを回して抱きしめると、犬は少しおびえて後ずさりした。

うろうろと庭や玄関を歩き回っては眠る、をくりかえすだけ。そのね姿は、発作中の姿とそっくりで、手足をちぢめて硬直しきって眠るので、絵描きはみるたびに〈死んだのでは?〉といちいち体の一部をつっついたりひっくり返して、生きていることを確かめずにはいられなかった。

食べるときだけは、皿まで食べてしまうのではないかと思うほどの勢いで、異常なほどがっついた。

強いくすりに代えて、思考も感情も存在しないかのようだった日々の中で、グレイは少しずつキシキシと不安な声を発して甘えるようになった。まだ一日の大半は眠っているかねそべっているかだったが、「グレイ」と呼ぶと、方角ちがいの方に目をやったり、耳を動かしながら、ひんひんとせつなそうに鳴いた。

自分の体が自分で思うようにならない不安感が生じる程度に回復しているようだった。

これ以上うすくのばすことができないという程に透明な絹雲が、空の高い所で乱れ飛ぶ日や、お日さまを被(おお)った雲のふちが虹色にみえる彩雲の日や、奥行きを全く失ったのっぺりと灰色の空の日が、グレイの上をすぎていったが、季節の変化よりゆるやかに、グレイはくすりになじんでいった。

そして時々、思い出したようにバラバラと低音で絵描きに向かって吠えたり、郵便やさんにむかってしっぽをふったりできるようになった。北の風がいろいろな匂いを運びはじめると、(何を思い出すのか)黒い瞳がキランと輝く瞬間がふえていった。

医者と連絡をとりながら、くすりの量を調整しながら、新聞の天気図で気圧の変化をみながら、次の発作の瞬間におびえながらの、絵描きの一家とグレイの新しい生活の形。

「くすりをのんでいても、定期的におこすようになるでしょう」

耳にこびりついていた獣医さんのこのまさかのことばは、一ヶ月後に証明された。三度、四度、六時間ごとにくるひきつけとけいれん。暴走。再び入退院の日々。

ぼーとして帰ってきて、またゆっくりとよみがえるグレイ。

眠りながら
のび。
手足が宙を
おどっても
目はさめない。

なあに、あの
なれなれしい
たいど！

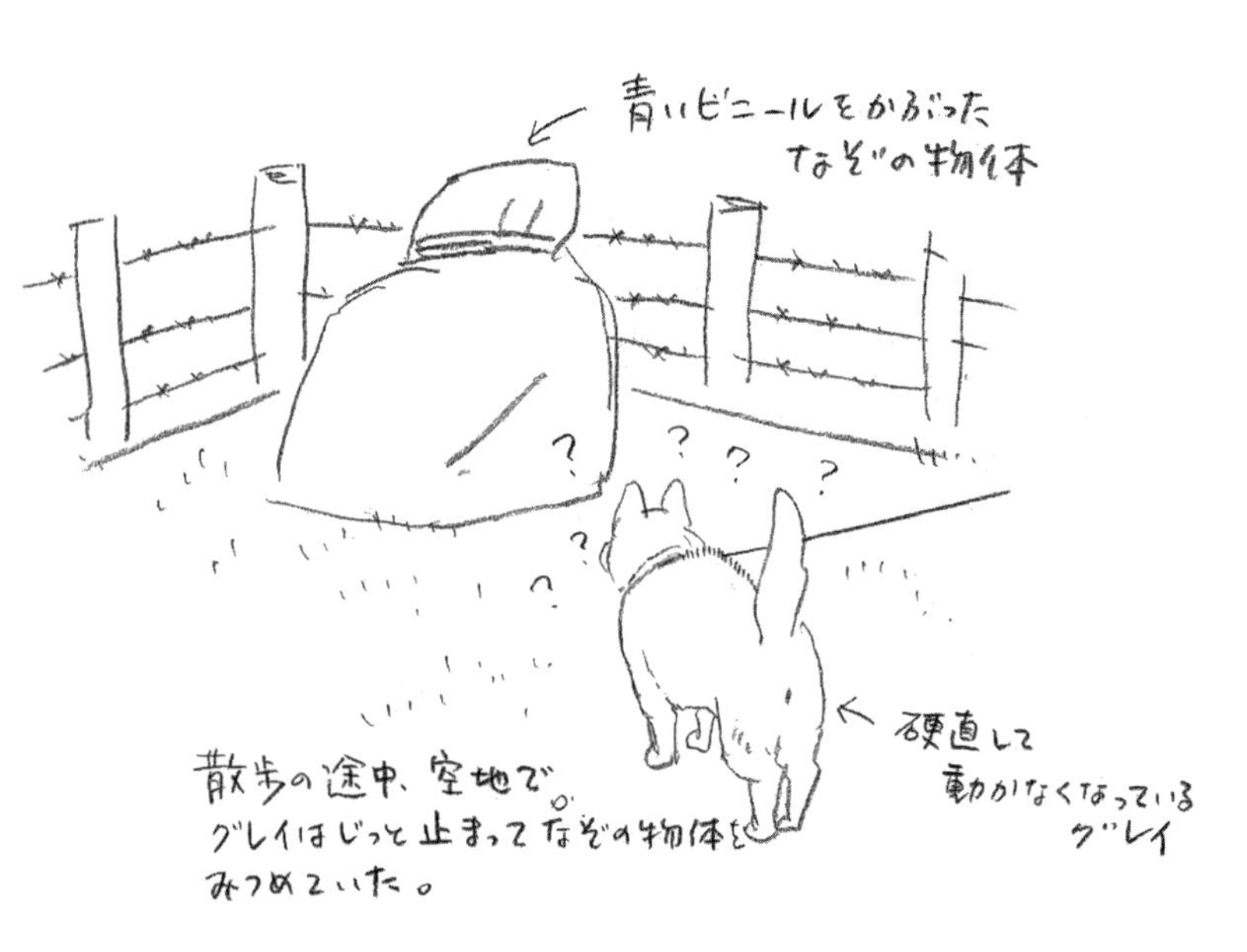
青いビニールをかぶった
なぞの物体
硬直して
動かなくなっている
グレイ
散歩の途中、空地で
グレイはじっと止まってなぞの物体を
みつめていた。

川べりでたこやきを
たべる建築家
しっかり横に
すわって
じーっとみつめるグレイ

律儀にひとつぶひとつぶ
雨をのむ犬

太った犬がねている。
手足をひっこめてねているグレイの
耳をはずした姿を想像したら
トドにそっくりだった。
グレイー∧∧＝トド

いろいろグレイにいたずらするとたのしい。

ホームレスの
おじさんの日
ビニールの
ひもが
ほうき状に
ほどけて
首かざり
になっている

もって。
人間のまねして手でもたなくてもいい!
ポテ

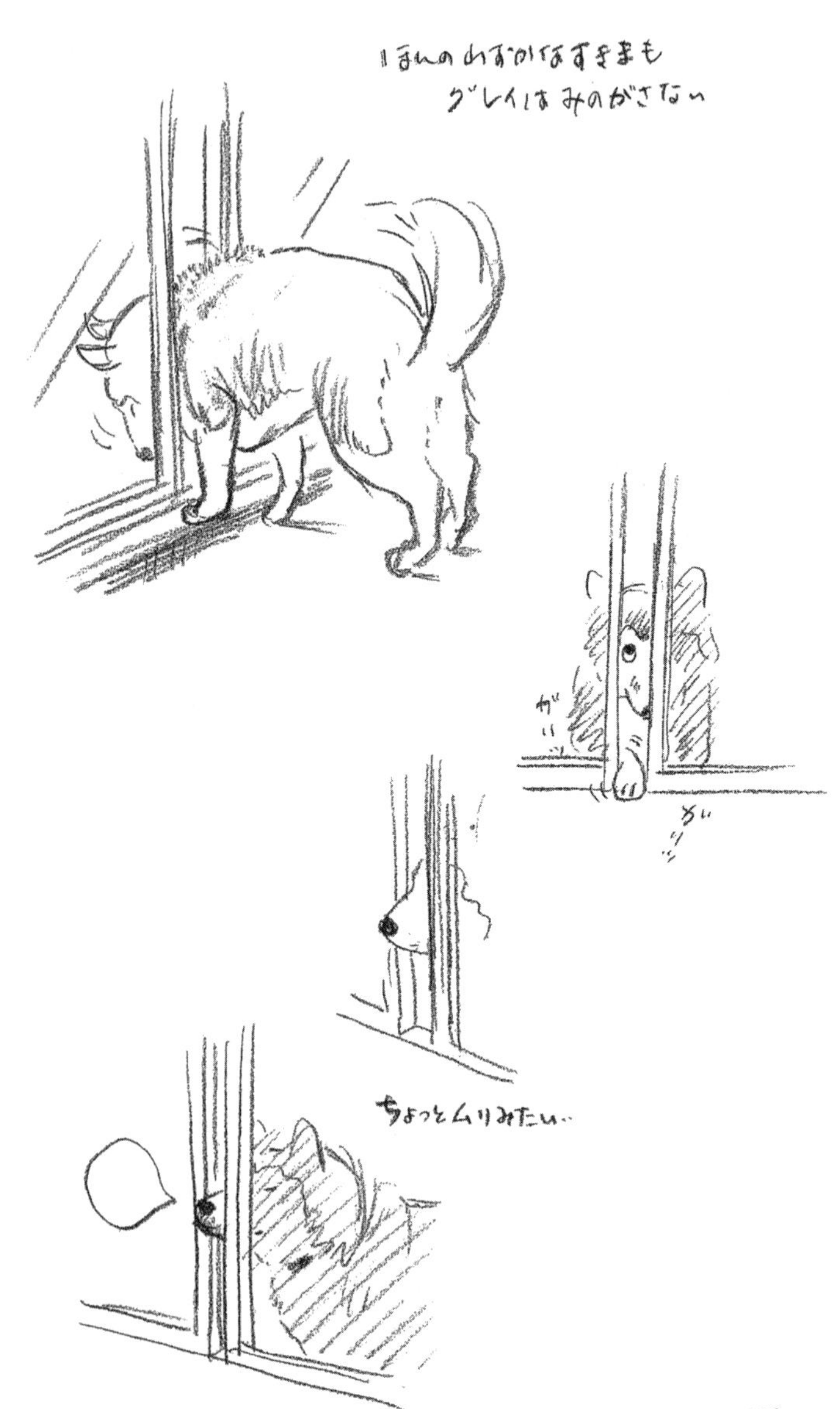
ほんのわずかなすきまも
グレイはみのがさない
ガッ
ガッ
ちょっとムリみたい…

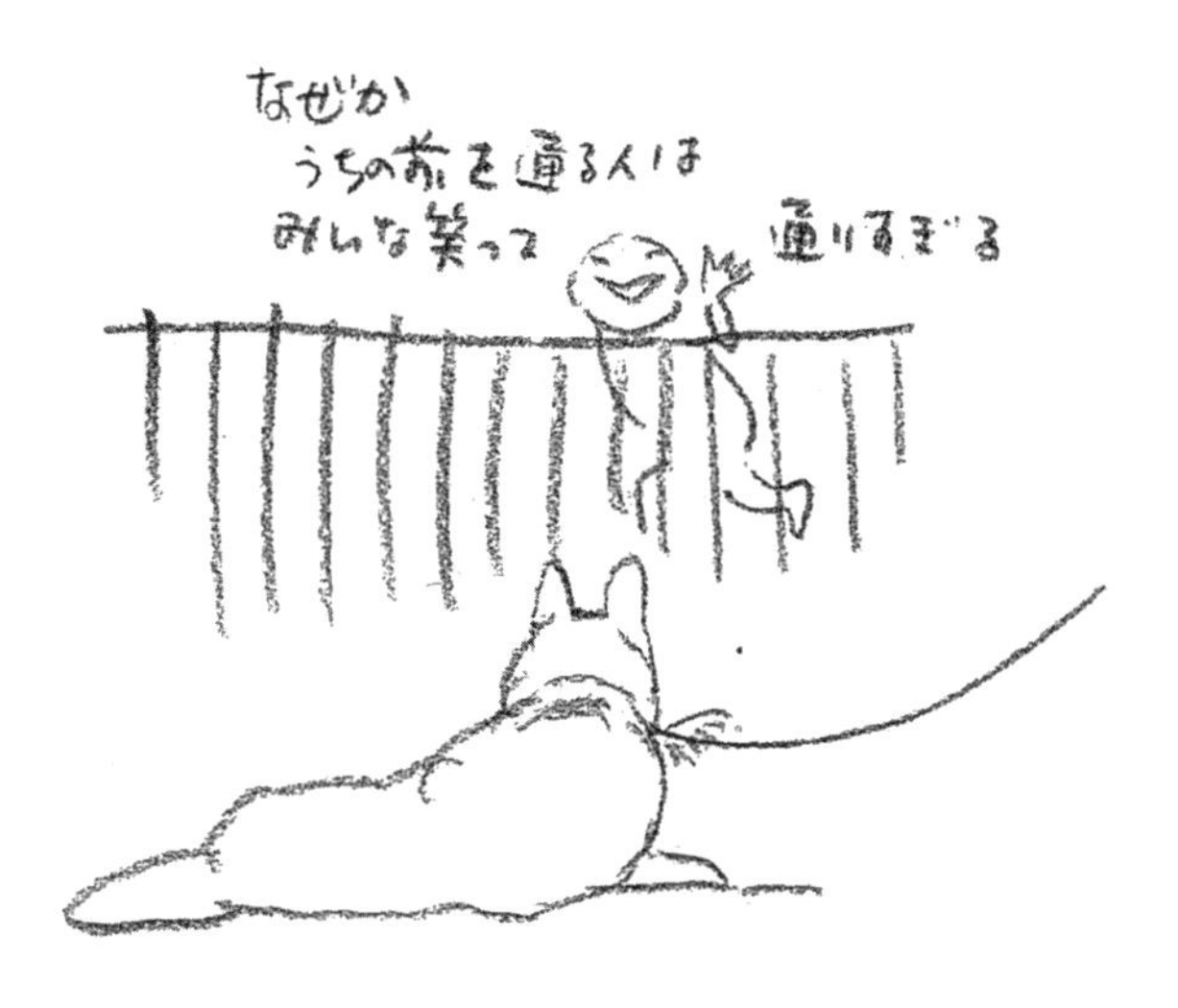
なぜか
うちの前を通る人は
みんな笑って
通りすぎる

鏡をみせて
あげたい。
ぼーっ

グレイをまちながら

グレイをまちながら
絵を描く　原稿を書く　雲をみる
お茶碗を洗う　洗たくをする　ごはんを食べる。
グレイをまちながら
そうじをする　ＣＤをきく　チェロを弾く
子どもと話す　アイロンをかける　新聞をよむ。
グレイをまちながら
一日に何度もレースのカーテンをのぞく。
朝起きてドアをドンドンたたいておくれ。
おさんぽ行こって、あまえてほしい。
車が通るたびに、遠吠えしてもいいよ。
人が通るたびに、しっぽふってみせて。
おやつはあ？　って、あの上目づかいで私の手をみつめてほしい。
庭のおち葉をふむガサガサという音をききたい。
おまえの黒い散歩づな、何日も同じ形で玄関にだらりとぶらさがったままだよ。

グレイ、私の時間に区切りをつけておくれ。
そうじゃないと、おかあさんはいつまでもえんぴつをおくことができないようだよ。

気分はおすわりの日

鼻も目も黒々と輝いている日は、散歩にでられるようになった。グレイは興奮して、前に後ろに、右に左に、脈絡なく走りたがり絵描きはひきづなをふりほどかれないように緊張してくたくたになりながらも、やっぱり散歩ができる日はうれしい。

〈上に下に飛びはねないだけいいか〉

と思う。

〈このくすりもいつか効かなくなるかもしれない〉

でも、グレイ、今のまんまでいよう。おさんぽできてよかったね。もう眠いのかい？　気持ちいいのかい？　何も考えていないのかい？

私が誰だかわかる？「おて」も「まて」ももちろん「ダンベル」もSさんのことさえ忘れても、食べることだけは忘れないからえらいね。生きていけるよ。気分やさんでもかまわない。玄関でおもらししちゃっても平気。しょっちゅうおそうじできて、前よりきれいになってきた。

絵描きの家の玄関はいつも開けっぱなし。いつでもグレイがみえるように。いつでもグレイの音がきこえるように。

ある日、台所で夕食のしたくをしていたら、いつのまにくさりがはずれたのか、グレイが入

りこんでいた。何も言わないのに突然、流しの前で〈おすわり〉をしておりこうそうに絵描きを見上げた。胸をはってまっすぐ絵描きをみつめるその堂々とした姿の久しぶりなこと。

絵描きは、大根の葉っぱとベーコンを口にふくんで瞳をキラキラ輝かせている大きな太った犬の頭をなでながら、

「やっぱりおまえは、グレイだね」

と、つぶやく。

「今日の気分は〈おすわりの日〉みたい」

大Mがそばで笑う。

そう、それでいい。

気分はおすわりの日。私もそれでいこう。

気分は絵描きの日。気分はおかあさんの日。

気分はおねぼうさんの日。

そう、気分は——グレイの日。

一九九六年『気分はおすわりの日』

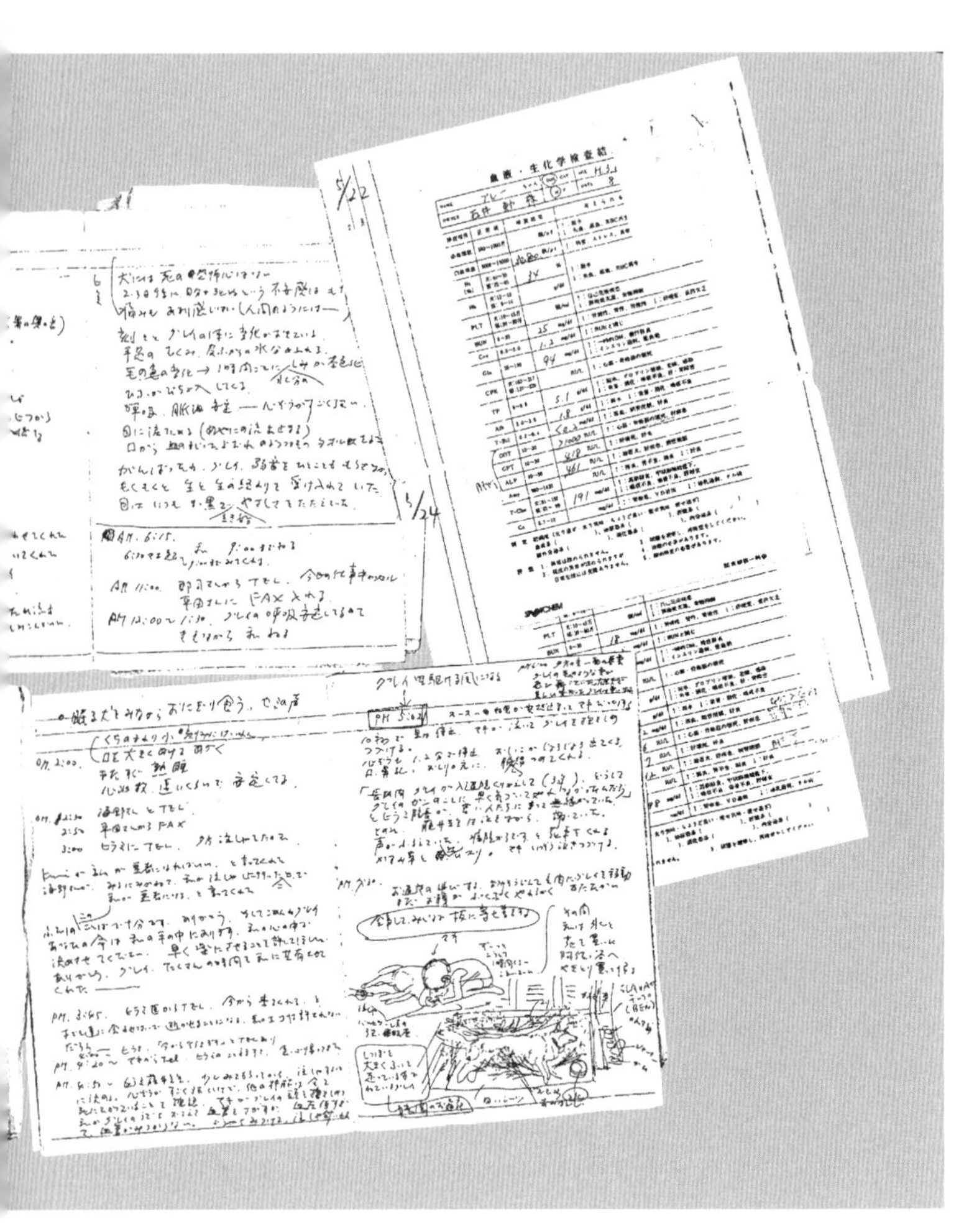

「今その瞬間のグレイ」を刻みつけた1996年のノート

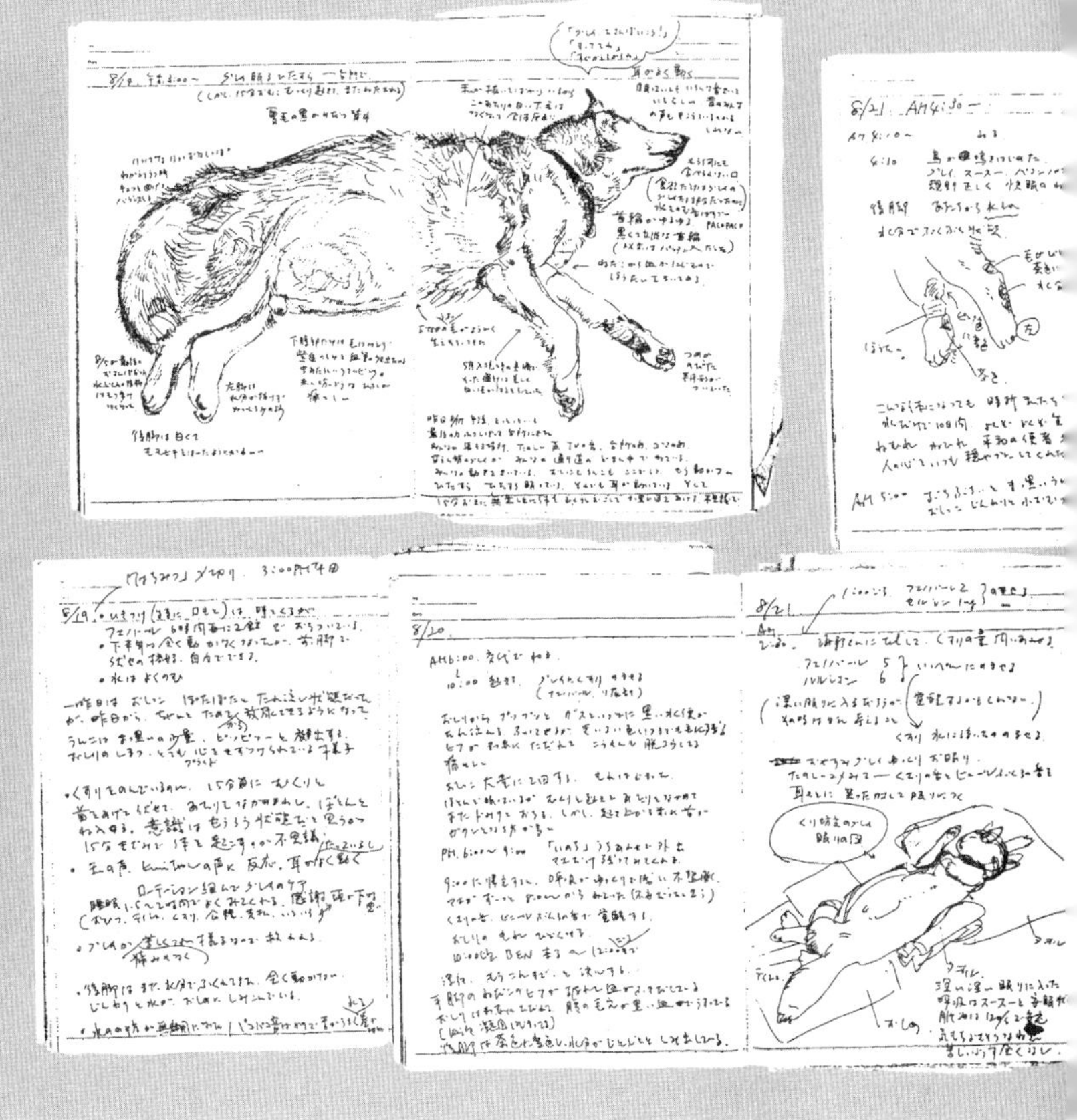
8/19
8/20
8/21
耳がよく動く
首輪がゆるゆる

しっぽみたいなお話

グレイが来る前から、私はグレイを知っていたような気がする。会う前から愛しくてたまらなかったようにも思える。

ばかなのかりこうなのか、臆病なのか大胆なのか、とんでもない犬にも思えたけど、とんでもない家族と暮らしたのだから、たいした犬だったのかもしれない。

「アレルギー」「てんかん」「がん」次々と病気がグレイの身にふりかかっていったけど、何の疑いもなく生きることと甘えることに忠実だった。食べることと眠ることにどん欲だった。ふてくされたり恥ずかしがったり居直ったり、演技することさえ知っていて、全く性格のちがう家族四人に対して、実に上手にキャラクターを使い分けていた。

あたり前の日など一日もなかった。

Mたちの通っていた塾もあたりまえの塾ではなかった。

ニジマスの養殖とイワナの研究に熱心なおとうさん先生が塾長兼理数科の講師で、おかあさん先生が英語国語を受けもつという、寺子屋みたいな塾に、大Mは三年間、小Mは二年間お世話になった。

その夏も、子供たちに夏期合宿のプリントが配られた。山登り、ガケ下り、魚採り、川泳ぎ、肝だめし、終日めいっぱい遊んで夜ちょこっと勉強するという（先生達は酒をのみながらつりの話ばかりしているらしい）前年の話をきいていたので、興味深くプリントに目を通すと、「川遊びのためのモーターボートを操縦できる父兄の参加のよびかけ」が記されていた。遊びの名人の建築家の目が輝いた。宿泊先は奥只見の山の中のつり宿。野山をグレイと走り回れる！　絵描きの心がさわいだ。――さっそく親子五人（！　四人＋一匹）申し込み、合宿当日、子供たち満載の合宿バスにくっついて行ってみると、なんと総勢三十余名の子供たちと講師陣の他の参加者は、建築家と絵描きとグレイだけだった。

グレイは、毎日イワナやニジマスを腹いっぱい食べた上、隣の宿の飼い犬のえさまで失敬していた。山の規則正しい生活の中でてんかんのくすりもきちんとのんでいたから一回も発作を起こさなかった。

この合宿で、グレイはふたつの初体験をした。建築家の操縦するモーターボートにのせてもらえた。ボートは広い川面を縦横無尽にすごいスピードで走った。グレイは舟底に体をつっぱらせて平気を装っていたが、ハスキーの帽子の下の白いはずのカオの毛がみるみる変色していった。犬も青ざめることを、この時Mたちははじめて知った。

キャンプ場のわきの斜面に、雪が残っていた。雪のイメージからは程遠いうすぎたない灰色の氷の小山だったが、そこにはプラスチック製のそりが二、三台ころがっていた。東京で雪が降ると、かならずグレイと私はそこらじゅう息がきれるまで走り回った。走ると銀の毛が波立つ麦畑のようにゆれて、グレイの背中から風が生まれた。雪と風が似合う犬だったから――、きっと大丈夫、ましておまえはハスキー犬。私は赤いそりにまたがると、ぼさぼさによじれた縄をグレイの首輪に結びつけた。

「ほら、ひけ！　おまえはシベリアのそり犬だよ」すっかり気分は犬ぞりレースの私――雪山のてっぺんを足でキックすると、バリバリガリガリすさまじい音をたてて、そりはすべり出した。足もとで氷をけずるその轟音におどろいたのか、急に斜面をすべりおちていく私を救けようと思ったのか、グレイは私の腕にガブリとかみついた。そしてそのままそりごと私をひっぱった。加速のついたそりはグレイにおそいかかるようだったから、グレイはいっそう歯に力を入れ、そりを（私を）ひいて全力疾走した。下で止まった時、私の腕からは犬の歯型の通りに血が吹き出していた。Mたちと建築家はなす術もなく、というよりはあんまりあきれてものも言えず立ちつくしていた。

その夏以来犬ぞりレースに出たいなどと、私は二度と考えることはなくなった。

おかしなことをまき散らしながら、ほんとうに風のように五年間をかけぬけていった犬だったけど、太ってうすよごれた毛のかたまりの中に、誰にも笑えないくらいやわらかい感受性と誇り高い心をかくし持っていた。そして、病気になってもグレイはグレイだった。

死にゆく犬と向きあう「時」の中でも、私はスケッチの手を止めることはなかった。いや、できなかったのだ。私は「今その瞬間のグレイ」を描きとめることでようやくグレイと対等でいられた。それほどグレイは最期まで犬を全うしグレイでありつづけたのだ。気高くまっすぐあのまっ黒い目で私をみつめながら——

八月十七日

あの人は、またぼくをみつめている。玄関の板の間にすわって。白いノートをひざの上においたまま、じーっとぼくをみつめている。ぼくは板の間にあごをのせて、ふくれたお腹をかばいながらねそべってあの人をみていた。

あの人も腹ばいになったので、目と鼻の先にあの人のカオがあった。そしてのんきにぼくに笑いかけたりぼくの名前をよんだり、なでるふりしてぼくの毛を抜いたりしていた。

でも「グレイ」とつぶやく声はかすれていた。もっとそばにきて昔のようにふたりでバフバフしたり鼻柱をかいてほしかったけど、ぼくはもう声も出なかったから、だまってあの人をみつめていた。

あとどのくらいこののんきな人をみつめていられるのだろう。

あの人はにっこり笑うと、白いノートにえんぴつを動かしはじめた。ぼくのカオを描いている。ぼくのだらしなくねそべった姿や汚れきった毛並を描いているのは知っている。いつだってこの人は、そうだったから。

ぼくたちのキョリってこんなに遠かったっけ。あの人は手を動かしつづけることで何かをうめようとしていた。

抱きしめても抱きしめても指の間からこぼれおちていく「時間(とき)」と生の、かけらをひろうようにしてグレイをスケッチした日々。あの夏から三回目の夏がきた。羊の雲にまぎれていたり、光る風だったり音楽だったり、グレイは形を変えるのがうまくなった。私は風景からはみだすのがうまくなった。

絵描きとグレイの物語、最終章『グレイのしっぽ』(理論社刊)をこの夏のはじめに、ようやく書き終えた。読んでほしい。

みえない犬の八歳のたん生日に

一九九九年『気分はおすわりの日』文庫版あとがき

グレイのしっぽ

みえない犬

公園Ⅰ

公園でハスキー犬をみかけると、思わず足が止まってしまう。あ、グレイ、と思ってしまう。ブルーアイだったり、全身白っぽかったり、全然ちがう人相していても、ハスキー犬の体型、特にほうきのようなしっぽとオオカミのような顔の輪かくは、グレイを思い起こさせる。立ち止まってじーっとみつめるものだから、飼い主が不審そうにしたり、誇らし気に足をゆるめたりする。灌木におしっこをし、ザッザッと後ろ足で土や落葉をはねとばす、ハスキー犬のダイナミックでおおざっぱな習性を、ぼーっとみとれる。

さわりたいな、横に並んで「ね」と視線をあわせてみたいな、の衝動にかられる。けどやらない。それはグレイじゃないということを確認するだけだから。もうどこにもいないことが、深く再び胸につきささるだけだから。

それでも、二、三日して公園で、ハスキー犬をみかけると、また足を止めてしまう。ハスキー犬を連れているお方、横であやし気な目つきでついてくる人がいたら、それは私です。

朝

朝、目を覚ますといちばんに、グレイのことを考える。

また寝過ごしちゃった、まってるんだろうな。むこうも眠っていてくれるといいな……と、朝に弱い私は、目覚める瞬間いつもそう思っていた。朝食にもありつけずあわただしく出ていく子供たちの音は、夢うつつにきいていても平気なのに――

モサッと土の上で体を動かす音、シタシタと駐車スペースのコンクリートを爪でこする音、クオーンとあくびのような甘えのような声、とっくに起きていた犬が、ようやく目覚めた飼い主の出すねぼけた音をキャッチしてじっと耳をそばだてている気配、（そう、気配は無音だけど、そこには見えない緊張の糸の張りつめた音があった）……毎日お互いの気配をうかがい合うことから、私たちの朝は始まった。

それから、ドアを開けて目が合おうものならたいへん、おなかすいたあ！　水！　くすり！　さんぽ！　だっこ！　なでろなでろ、ばふばふばふ……そのたびに飛びつき抱きつきもぐりこみ（パジャマのすそやそでに）まるで何十年ぶりに再会した者同士のような朝の抱擁。一日のはじまりの儀式。

気配がまったくなくなって一ヶ月たった。一年にも二年にも、永遠にも思える長さだった。目が覚めても私だけが、眠る前と同じ玄関横のへやにいて、じっと耳をこらしても玄関にも庭にもたぐりよせるべきあの糸はなく、無限に広い空間に、やっぱりひとりの私。

昨日も一昨日も、一週間も、ずーっとずーっと音のない、気配のない朝。

ドアの開かない朝。自分の体の一部が欠けたままの朝。

夜

その日のグレイとのできごとをノートにメモするのが私のたのしみ。夜までまてないほどおかしなことが次々おこるから、仕事の途中だろうと、昼食中だろうと、ある時は夕食のしたくさえそっちのけで、私はメモをとる。そして、たいていは、グレイのあまりの無邪気さと無防備さがまきおこすほほえましいことばかりだったので、メモといっしょに必ずスケッチもした。

眠っているのにわざわざ電気をつけてその寝姿をスケッチしたくなるヤツだった。こちらが恥ずかしくなるくらいに全開（口、腕、腹、股）しきった寝姿は、ひとりで見るだけではもったいなかった。

「私はヒトで、おまえはイヌなんだよね」

ついつい確認せずにはいられないほど、私たちは近かった。グレイが立ち止まると私も止まり、目と目が合うと、〈いいものみつけたねえ〉と、しみじみうなずきあった。アリの行列、折れた木の枝、一週間前にグレイがうめたパン、冬眠からさめたカエル、ブロックべいの穴、日陰に残った雪のかたまり、たんぽぽでいっぱいの空き地、私たちはそんなものが好きだった。私たちは似ていたけど全然ちがってもいた。私はイヌではなかったし、グレイは絵描きではなかった。イヌは気のむくままに一歩先を歩き、ヒトはあちこちにまき散らされた物語を拾いあつめながら歩いた（うんこも）。

病気になってその位置が逆転した。

自分の体が自分の思い通りに動けなくなっていく時の流れの中でも、グレイは散歩に行きたがった。だが一歩前から、ま横へ、次は一歩さがった位置へ、その後は二歩も三歩も後を、そしてUターンさえ自力でできなくなっておしりをそっと浮かせてもらって方向転換した後、何くわぬカオして歩いていたが、きっとグレイの自尊心はとっても傷ついていたと思う。

「どうしたんですか。その犬、もう歳なんですか」

道でぶつかる無遠慮と好奇の目に耐えかねて、夜中にそっとふたりで歩いた。グレイののびたつめがアスファルトの道をひきずる音だけが、散歩の証(あかし)だった。一歩一歩ふみしめて、それでも十数メートルで立往生するようになって、私たちは夜中の二人歩きをやめた。

グレイの目は、夜の空と同じ色をしていた。夜の湿気と悲しみで飽和状態の夏の夜が無限に広がっていく中で、二人は同じ顔をして同じ目をして、同じことを考えていた。私たちはどこまでもそっくりだった。

玄関

吉祥寺の家——

どこにでもある玄関だった。赤いニセレンガの敷石がフェンスから家までの地面より一段高くなっているだけで、木のドアは昔からある明治か森永の板チョコみたいな色と形をしていた。そのドアはいつだって開け放しだったから、家族がいったい何人いるのだろうと思うほどの運動靴やサンダルや長ぐつが、ひとつも対になってるものなく色とりどりに散らばっているのが、まるみえだった。その玄関の内と外にまたがって大きな大きな毛のかたまりが——グレイ。

グレイはドアによりかかっておかますわりが上手だった。門のほう向いてスフィンクスの日もあった。家の中をのぞいてまねきねこになってかたまっている日もあった。向きを変え形を変え、そうやってグレイはいつも玄関いっぱいに広がったりドアストッパーになったりしていた。

玄関のすぐ左側にカクレミノの木があり、その下に木造の犬小屋があった。片流れの屋根に校倉造りの注文建築風の小屋は、犬の寝起きのために作られたはずだった。だがそれはグレイのストレス発散と夜のひまつぶしにかじるのにちょうどよかった。立派な個室よりも、グレイは大道にいる方が好きだった。家族がどんなにばらばらに出たり入ったりしようが、必ず通らなければならないその場所でりこうな犬は出たり入ったりする人間の足し算引き算をしながら頭をなでられる数をチェックしていた。

杉並の家――

やっぱりどこにでもある玄関だった。砂色のニセレンガの敷石がフェンスから家までの地面よりわずかに高くなっているだけで、北海道の六花亭のホワイトチョコレートみたいな白いドアは一見しゃれてみえるが、家の外壁と同じペンキで塗ったにすぎなかった。小さな古い一軒家。そしてこの家でも、玄関のドアはいつだって開け放しだった。だが、靴やサンダルは姿を消し、ねそべった犬の下には白いじゅうたんがしきつめられていた。犬は、小屋をかじったりドアストッパーになるかわりに、玄関を被(おお)いつくした紙おむつの上で眠ってばかりいた。

幸せは、玄関から逃げてゆくのだろうか。

ほうきで集められた落葉やゴミくずに、もう犬の毛が混じっていることもなくなった。やわらかい秋の日射しが斜めにさしこむ玄関に、ねそべる生きものの匂いも消えたただの四角い日だまりの中に、家人の靴が散乱している。

ドアの開け放しと靴をそろえない悪いくせを私たちに残してあの子はいってしまった。

雨

　じゅうたんに正座してSLAVA（スラヴァ）のアヴェ・マリアを聴く。目と鼻の先に、ねそべったグレイがみえる。紙おむつをガムテープでとめてアトリエ中にしきつめていたが、つめでひっかけたりすきまに鼻をつっこんだり、くいちぎったり、ふりまわしたり、どこでもおしっこやうんこをまき散らしていたから、そのたびに紙おむつのパッチワークの形が変わっていた。ちょっと目を離すと、紙おむつとじゅうたんの間にもぐりこんでねていたり、うんこをかくしていたりする。ほとんど歩くことができなくなっても、首だけ回転させてまっ黒い瞳で私の行く先を追っていた。そしていつもベロを出して、はっはっはっと笑ったような呼吸をしていた。

　再びほんもののブルーグレーのじゅうたんのアトリエにもどった。ゴミもしみもおしっこの匂いもガムテープもつまずくすきまもない清潔なアトリエが、かえって寒々しい。やけに広く感じる。

　玄関でクリーニング屋のおじさんの声がきこえる。

「大きな体で、ドアのところふさいでさあ、アホみたいだったたね。よっこらしょって、面倒くさそうに起きて、私を通してくれたけど、ホントに図体ばかりでかくて、アホみたいだったよ。かわいくてかわいくて……」

引っ越しても隣町だからいいよ、グレイに会えるからって、月、水、金の午前十一時半頃来てくれていた。

「グレイがいない、グレイがいない」

「グレイがいないとつまらない。だめだ」

「グレイがいないのにひとりごと言ってワタシもアホだね。だめだだめだ……」

玄関のカゴに入れておいた洗たくものをかき集めながら、おじさんはぶつぶつつぶやいている。私は人に会えるようなカオしてないから、アトリエから出ていかない。おじさんのひとりごと、ドアを閉める音、フェンスを閉める音をきいている。

大きな穴、グレイのあけた穴はそこらじゅうにあって、誰もうめることはできない。アヴェ・マリア、アヴェ・マリア――カウンターテナーの銀色の細い声がアトリエ中に降り注ぐ。雨のように、涙のように。

私は正座したまま大きな穴の中にはまって、身動きできないでいる。

音楽

音楽の中にグレイがいる。グレイの中に音楽があったかはわからない。だが、チェロ、バイオリン、ピアノ、CD……音楽のたれ流しの家だったから、習慣化した諦めの中でグレイはいつも音楽に接していた。私がセロ弾きのゴーシュだとすると、グレイは三晩めの訪問者のたぬきの子だ。

「こら、たぬき、おまえはたぬきじるということを知っているかっ」とゴーシュ。たぬきの子はぼんやりした顔をして、きちんとゆかへすわったまま、どうもわからないというように首をまげて考えていましたが、しばらくたって、「たぬきじるってぼく知らない」といいました。（略）たぬきの子はぼうをもってセロのこまの下のところを、ひょうしをとってぽんぽんたたきはじめました。……おしまいまでひいてしまうと、たぬきの子はしばらく首をまげて考えました。それからやっと考えついたというようにいいました。

「ゴーシュさんは、この二ばんめの糸をひくときはきたいにおくれるねえ。なんだかぼくがつまずくようになるよ」

「たぬきの子」を「グレイ」に書き変えてみると、、を打ったところはもうまるでグレイのキャラクターにぴったり重なる。

調弦を始めただけで、へや中に出口を求めてあちこちぶつかりながら狂ったように飼い犬が逃げる、と、チェリストのYさんの話をきいたことがある。この犬はゴーシュの物語の第一晩めの訪問者のねこにそっくりでおかしい(ちなみにこのチェリスト、恵比寿にある弦楽器店〝ゴーシュ〟という名前の店のオーナーで、私のチェロはその店で買った)。

グレイは、私の家にたえず流れているどの音楽からも逃げ出そうとしたことはなかった。そして、バッハのゴルドベルク変奏曲がいちばん好きだった。不眠症の伯爵のために作られたというアリアと三〇の変奏曲。グレイはスピーカーに鼻をつけるようにしてきいていた。

昨日、久しぶりに銀座のヤマハまででかけた。チェロの譜の棚を端からめくってみていた。FRATRES(フラトレス)というタイトルが目にとびこんできた。あ、この曲もグレイとよくきいた。時の澱(よど)みの中からしみ出してくるような、祈りのような対話のような、不思議な耳ざわりの曲。天上か深海からもれてくるような、ためらいがちでそれでいていやおうなくあっち側へひっぱりこむような強引な沈黙と静寂の音楽――アルヴォ・ペルトの『フラトレス』。ベルリンフィルの十二人のチェリストたちが弾いている。

この曲は『タブラ・ラサ』というタイトルのCDに入っていた。

そしてCDの解説書の最後にこんな一文があった。

『なんという音楽だろう！　このような曲を書けるひとは、自分から抜け出たことのあるひとにちがいない。そしてピアノのひびきを地中から掘り出し、ヴァイオリンのフラジオレットを

天から借りてきたにちがいない――』（ヴォルフガング・ザンドナー　訳＝喜多尾道冬）

楽譜を買ったものの、あまりのむずかしさに手におえなかった。そうだったのか。天から借りてきた音楽だったのか。

タブラ・ラサ＝白紙・空白の意味。

フラトレス＝信仰を同じくする仲間・兄弟。

不眠症の曲と天上の音楽、私たちは、こんな曲が好きだった。私とグレイは、フラトレス（兄弟）で、お互いのタブラ・ラサ（空白）をうめるために、なくてはならない相手だった。

公園Ⅱ

台風一過の残がいが、色きたなく公園中に散らばっていた。もう早朝に誰かきとくな人が見まわったのか、落ちた枝をたばねたものがころがっている。折れた枝をぶらさげている大木やひもで支えて立て直してある木々の間をぬって、私は自転車で公園を一周した。湿った空気の中を、ゆっくり、泳ぐように。

目的があったわけでもない。行ってみたい場所があったわけでもない。

雨ですっかり色艶のないまま生(なま)がわきの落葉のじゅうたんが芝生や遊歩道を被(おお)いつくしている。桜並木の葉も、大半が枯れ落ちて、空のかけらがスカスカみえていた。足の下の湿った音楽をききながら、自転車を押して歩く。

グレイはこの風景を知らない。私ひとりで新しい風景の上を歩いている。

あちこちの道から、橋から、住宅街の切れ目から、犬と人が現れる。台風一過の日曜日の午後、犬と人の今日の日課が集まる。公園に、広場に、遊歩道に、並木道に、川沿いのサイクルロードに。走る犬、抱かれる犬、ボールを追う犬、おしっこの木をさがす犬……「生」があり、「動」がある。「音」がある。今日という一日が、いつもの延長上にある。信じられる平安の中にある。

私は風景からはみ出したまま自転車を押しつづける。一匹一匹の姿を目で追いながら。青い青い空に吸いこまれていく歓声をききながら。
　みえない犬といっしょに歩くためにここに来たんだと、ようやくわかる。

みえない犬

　グレイはまってなんかいなかった。いつだってまっていたのは私の方だった——退院を、回復を、くすりの時間を、食べられるようになる日を、歩ける日を、「グレイ」と呼んだらこっちをふり向いてくれる瞬間を、そして必ずいつかおこる次の発作さえを——
　グレイは次々にできごとを生み出し、新しいグレイを創作し、まわり中をふりまわして歩いていった。入院と退院のあいだで、病気のグレイと元気なグレイのあいだで、私はただオロオロと行ったりきたりしながら暮らした。

時を忘れた私は　夜と朝の区別もつかなくなり
夢想家だったはずの私は　鼻づらだけになって
紙おむつのじゅうたんの上をはいまわり
探険家のくせに　道も公園もひとりで歩けなくなり
即興詩人はとっくに廃業し「待つ」だけのただのおばさんになった

絵を描くことを、これほどありがたいと思い、これほどうらめしいと思ったことはなかった。

抱きしめても抱きしめても指のあいだからこぼれていく時間と生のかけらに耐えられず、「今その瞬間のグレイ」を刻みつけたノートとスケッチが残って、ほんもののグレイは消えてしまった。気配だけでも感じたいと思っても、想像力を駆使して「不在」というフィルターを通して逆説的に想いおこすしかない。グレイの呼吸やいびきやつめの音、おしっこの音がふいをついて思いおこされるが、それは気配ではない。

グレイがいなくなって何日も何十日もたつのに、抜毛がどこからともなく湧いてきて空中に舞ったり、しきいや玄関におちていることがある。具体的なグレイのかけらをもちたいとは思わなかったから、他の動物たちとの合同葬にしたあと、私の家にグレイの骨はない。

グレイは絵だったり線だったりする。私の目と手を通した「今その瞬間のグレイ」がスケッチ帖の中で笑ったり眠ったりすねたりしている。

どこにもいない五歳の子どもをさがして、私は空を仰ぎ公園を歩き、道を行く。空の牧場の羊の群れにまじっていたり光る風だったり木もれ日だったり、グレイは姿を変えるのがうまくなった。私は風景からはみ出すのがうまくなった。

グレイのしっぽ

グレイの不安

それは地の底をはうようにやってきた。

地震も雷もきらいなグレイだったが、そんな天変地異とはあきらかにちがう感覚。庭や駐車場の表面にうっすら積もる雪の白のように、それは少しずつ少しずつ濃度を増して、へばりついてきた。ため息の二酸化炭素、怒りのトゲトゲ、時をからめたイライラ、すれちがいが生むギクシャク。色も音もないものなのに、犬の皮ふを射し、毛をそばだたせ、鼻を乾かし、目をキョトキョトさせる。胸がしめつけられ、足の肉球から底冷えが伝わる。しっぽの根元がどうやっても下をむいてしまう。自分の体が自分のものでなくなっていく。かゆい所に手がとどかず、〈ああ、アレルギーの鼻炎の時でさえ、前脚や木

の幹にこすりつけてかくことができたのに）体内の管が全てゴムでできているような不快な感覚。はっはっと短い呼吸をつなぎ足しても胸が苦しくて、そのくせ急に眠たくて眠たくてたまらなくなったり、反対に耳の奥から神経がとび出しそうになって夜なのにまったく眠れなくなったり。大気汚染なんかではない。その空気は家の中からしみ出してきて、確実に犬の身体周辺で密度をあげ、グレイの全身にひ膜のようにへばりついていった。

おかあさんは、毎日のようにこわい顔をしてひとりでどこかへでかけていた。大Mは高校生活と部活、小Mは受験勉強と塾通いで、このごろあんまりあそんでくれない。建築家はいるんだかいないんだか。

四人いたはずのご主人（家来だったかな）がひとりもいなくなったような気持ち。なんだかすごくさびしい。すごく不安。家の中からしみ出てくる空気と、その辺に放り出されたまま分解も凝固もせず漂ってしまった犬の夢が、小さなカケラとなってしずかに降りてきては、グレイの毛に付着していた。

そして実際、だれも望んでいないのに、グレイのてんかんの発作はこのところではひんぱんに起こるようになっていた。

新しい家

とうとう家がみつかった。一月に東京で、三月に北海道で、大きな展覧会をやった。体力も気力もお金も使った。作品の荷ほどきもそこそこに、毎日不動産屋めぐりをして一ヶ月。その間、ゆっくりとグレイと向きあってあげられず心が痛かった。私は次の条件を満たす家を捜していた。

①一戸建てで庭付き
②アトリエの面積が十五畳以上あること
③作品保管の空間が十畳以上あること
④窓からの風景

①は、グレイの空間を確保するため。外でねるのが好きな犬のために、これだけははずせない条件。②もグレイのため。グレイはいつ発作をおこすかわからない犬だ。今までの家ではアトリエが二階、寝室が一階だったので庭のグレイの様子をみるのに私は一日に何回も仕事を中断して階段を昇り降りしなければならなかった。二階にはかすかな物音（たとえばグレイが発作をおこす前の空気の振動みたいなもの）は届かない。仕事部屋と寝室をいっしょにすると、この広さが必要になる。③二十五年間描いてきた作品の量、資料の保管にはこれでも足りない

くらい。④窓の向こうが隣家のかべとかへいとかビルとかなんて考えてもぞっとする。生まれてから今まで二十二回引っ越しているが（子供時代で九回、フランスで三回、結婚して十回）、窓から空と木がみえない家に住んだのはたったの二回だけ。グレイが外犬でいたい理由が私にはよくわかる。そして今回、やっぱり庭のグレイがまる見えの窓があることは必要条件であった。

全てが病気の犬を中心にまわっていた。老人や障害のある人のいる家ではスロープをつけたり段差をとったりするだろう。私はグレイのためにバリアフリーの家を捜していたといってもいい。ボロでもいい。傾いていてもいい。新しい生活のために、グレイをギセイにすることはできない。わたしはMたちが学校へ行っている間、毎日不動産屋めぐりをして歩いた。そしてグレイの不安とさびしさが限界にきた頃、家はみつかった。古家だが外壁はまっ白で気もちがよかった。

杉並区N町——家の横の坂を十メートル下るともうそこには川も林も野原もある緑地帯が広がっていた。神田川から分かれて蛇行する善福寺川沿いに、二キロにわたってソメイヨシノやヤマザクラの並木やイチョウや栗の林が展開されていた。ツバキ、サルスベリ、ムクゲ、ヤマブキ、ケヤキ、マツ、スギ、トチ、スズカケ、ヤツデ、アジサイ、数えきれないほどの種類の樹々、クローバー、タンポポ、オオイヌノフグリ、ペンペン草、ヒメジョオン、ユキヤナギ、風草、さまざまな野の草花があった。——大きな大きなグレイの庭。毎日毎日歩こう。もうおかあさんはどこへも行かないよ。緑の風に吹かれて、木もれ日の中、毎日探険しようね。その日の気分で日替わりメニューがたのしめる気まぐれな犬と気まぐれな絵描きにぴったりの広い庭だよ。その家は①②③④の条件は全て満たしていた。だが①の庭にあたる部分が家主（アメリカに転居中）の車寄せのため全面コンクリートで固められていて、草一本木一本はえてなかった。しかし、それに対する方法を私はすでに準備していた。紫外線アレルギーのグレイには日よけが必要だ。このコンクリート全面を被う屋根をつけてやればいいのだ。つまりコンクリートの庭いっぱいの犬小屋を作るのだ。

引っ越しの前後一週間、グレイをいつもの獣医さんにあずけた。荷物の運び出しの様子をみたら、グレイはきっと不安が高じて発作をおこす。それに、庭いっぱいの屋根付きの犬小屋は注文したけど、まだ届かないから、ヒラミ先生のところでまっててほしい。板葺きの片流れの屋根のあったあの白木の犬小屋は、グレイはそこで一度たりとも眠ることはなく、深夜ゴリゴリガリガリかみまくられたあげく、引っ越しの日の粗大ゴミとなった。

グレイの安心

五月の風がいっせいに緑色に光り始めた。風と同じくらい新鮮な気持ちでいっぱいの家族が白い家に引っ越してきた。小Mは三階に一気にかけのぼった。もともと二階家なのだが三年前に家主が建て増ししたという小べやの屋根が三角にとびだしている。向かいあったふたつの壁が斜めに支えあっていて、小さな窓がいかにも秘密の屋根裏べやという感じ。こんな山小屋みたいなへやに住みたかったんだ。床もフローリングだしそなえつけの本棚もある。小Mの鼻歌が一日中天井から降っていた。広い広い十二畳ある二階の一角を占領した大Mははじめは小Mの歌声にあわせて本棚に本を入れていたが、絵描きのキャンバスやら作品の入ったダンボール函(ばこ)が次々と反対の一角から積みあげられてくる様子にだんだんカオをひきつらせていた。〈どのくらいのスペースをこの山は占めるつもりなんだろう。おかあさんはとりあえず半分くらい置かしてね、といっていたが……〉

一階のアトリエは、どこからでもグレイがみえるようにレイアウトされていった。仕事しながら（絵を描きながら）、編集者とうちあわせしながら、ベッドからむくっと起きた瞬間さえも、すぐグレイの姿が目にとびこんでくるように。ガラス戸を開け放しておけば、グレイの息づかいもため息もきこえる——いい家がみつかってよかった。一階と三階の住人は大声でベートーヴェンの第九をハモっていた。

引っ越しから三日後、グレイはヒラミ医院の車で送られてきた。

まったく見知らぬ所に退院してきた犬は、不安そうにフェンスの所でおしりだけまだ道路に残して首だけ中につっこんで周囲の匂いをかいだ。

「はてここはどこ？　私はだれ？」のカオ。

〈一週間入院しているあいだに、ボク、ぼけたのかなあ。あれえ、こんな家だったっけ？　玄関の色もちがう。ほじくる土もパンをかくすじゃりもない。鼻をかく木もないぞお。あれえ〉

――上目づかいで私たちをみた。

〈でも、家族は同じだ。ひとり足りない気もするけど毎度のことだ。大Mもいる。小Mもいる。おかあさんはやっぱりいつものように穴のあいたきたないズボンをはいている。絵の具の色とりどりの匂いのするTシャツをきている。よかった。ボクはぼけてなんかいない〉

「グレイ。おかえり。今度のおうちはね、すごく大きい庭があるんだよ」

グレイはフェンスと玄関の間のせまいコンクリートの地面をふまないうちに家の横の坂の下のすずしい木陰がいっぱいの広い広い緑の森につれていかれた。緑色の風が背中の毛をくすぐった。鼻の奥まで草と土の匂いが入ってきた。アジサイの下でおしっこをした。ツバキの木の下でうんこもした。歩くたびに、黒い土がピタピタと肉球に涼しい感触。おかあさん、ぼくここを好きになってもいいよ。迷子になりそうなくらい広いお庭、気にいったよ。毎日おさんぽしようね。ね、おかあさん。

グレイは何度もふりむいて私のカオをみた。その目からはすっかり不安の色は消えていた。

ヨドコーの犬小屋

それから三日後、注文してあったヨドコーの物置が到着した。正しくは、ヨドコー組み立て式屋根付きの自転車置き場付き物置である。配送してきたおじさんが、午前中いっぱいかかって組み立ててくれた。

「この犬なんですか？　ハスキー？　うちには十歳になるハスキーがいるけど、全然ちがうなあ。この犬、ハスキーに似た日本犬ではないんですかあ？」

玄関でねそべっているのらくら犬をみておじさんはそう言った。

はみ出す犬

木が一本もないコンクリートの庭にヨドコーの大きな屋根がついて、とりあえず紫外線と雨からの避難所はできた。しかし、グレイはほとんどの時間、玄関の内と外にまたがった形であいかわらずドアストッパーになったり、トドのようにねたりしていた。フェンスの向こうを横切るのは買物かごをぶらさげたおばあさん、ランドセルを背負った子どもたち、犬の散歩の人たちで、車の往来がほとんどない住宅街はとても静かだった。グレイはすでに昔の家と今の家のちがいがわからないほど、そう、まるで初めからここで育ったように、新しい環境に溶けこんでいた。おかあさんは、ダンボールの整理におわれながらも日中は庭のガラス戸のむこうで絵を描いていた。時折目が合うと、ニーッと笑った。おかあさんがいつもみえるのっていいな、グレイは思った。グレイがいつもみえるのっていいな、おかあさんも思った。五月の風はどこまでも透きとおっていて、鼻柱が少しかゆい以外は全て快適だった。

Mたちは毎日のように学校の友だちをつれてきては、フェンスのむこうから、「ホラ、あれがグレイ」といって外で立ったまま長話ししていた。

ヨドコーの犬小屋は
りっぱな 日陰を
作ってくれた。
2.4メートル
1.7メートル
ここがぼくの
あたらしいおうち？
なんだか魅力ない
なあ…
自転車置き場から
おいだされた自転車は
コンクリートの上で
日ざらし雨ざらし
となる→

フェンスはアコーディオン式に横にたたむようにして開けるようになっていた。閉まると、直線になって道と庭を遮断するが、大きな格子の穴は子どもなら簡単に出入りできそうだった。ある朝、グレイはその穴から顔を出してみた。顔を出したら外へ出たくなった。両手をそろえて顔といっしょにジャンプしてみた。あら、外に出ちゃった。戻らないと朝ごはんにありつけない。あわててとなりの穴からもう一度顔と前足をそろえてジャンプ。ひもの長さが問題だった。同じ穴から出入りすればよかったのだが、グレイはそこまで考えない。ひもはフェンスの棒にひっかかった。

早朝の犬の散歩のおばさんがみつけてくれた。

ピンポーン　ピンポーン

朝早くからチャイムがなる。ねぼけながら出るとインターホンのむこうの声が叫んでる。

「おたくの犬、はみだしていますよ」

あわててパジャマのまま飛びだすと、フェンスの格子で首をつったあわれな犬がいた。グレイ五歳の誕生日の一ヶ月前のこと。

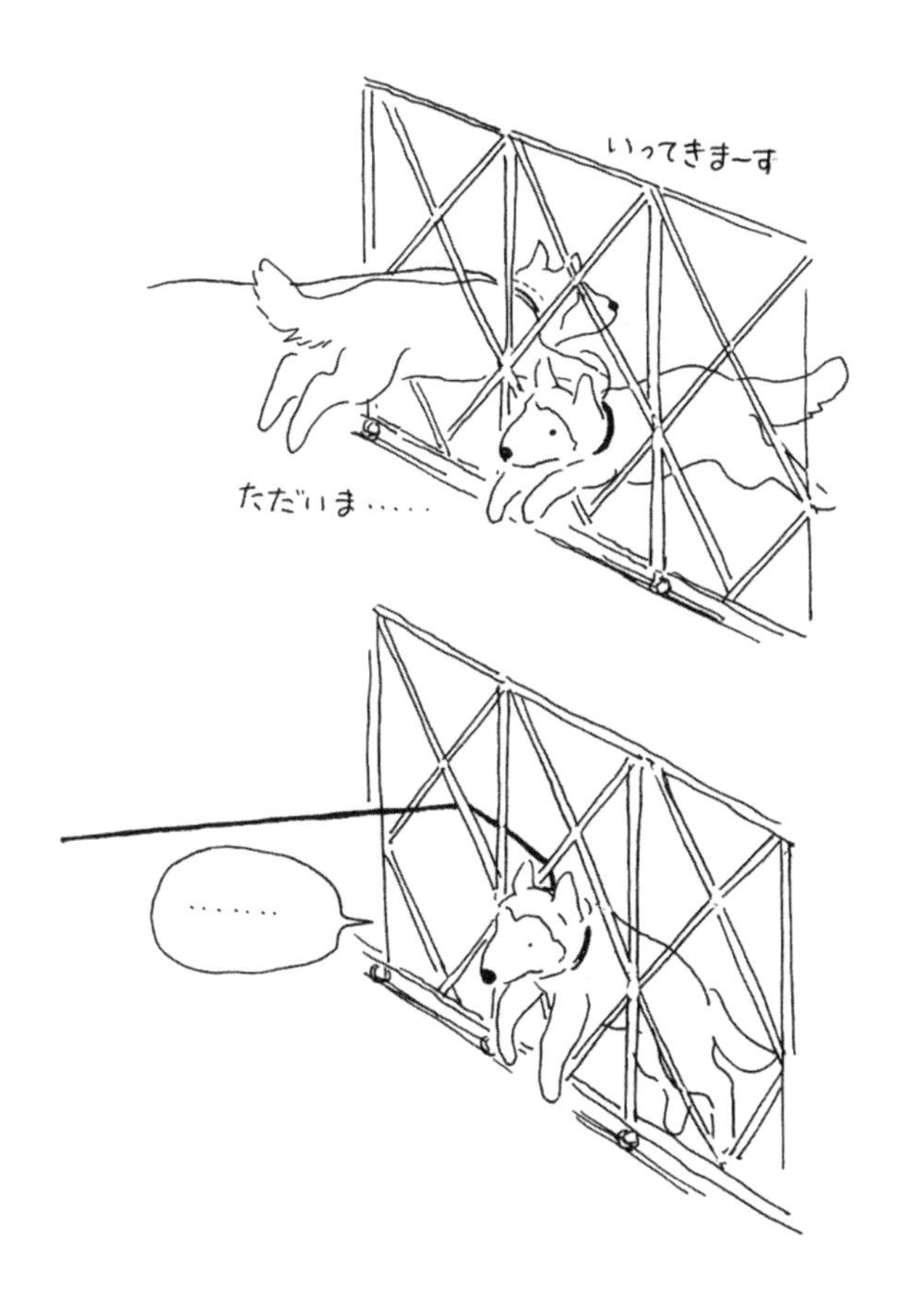
いってきま～す
ただいま……
……

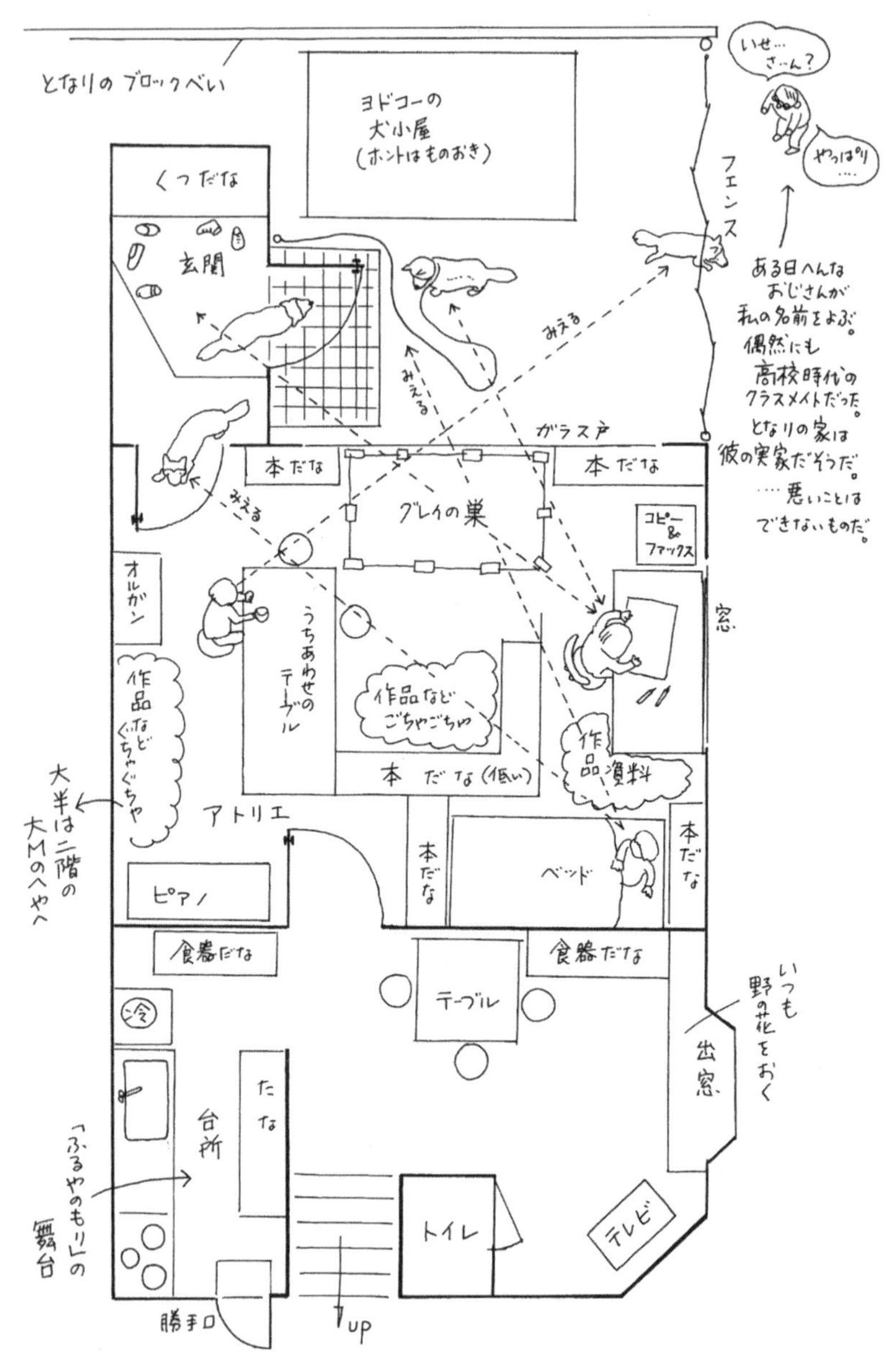

となりのブロックべい
ヨドコーの
犬小屋
(ホントはものおき)
くつだな
玄関
フェンス
いせ…
さ…ん?
やっぱり
…。
ある日へんな
おじさんが
私の名前をよぶ。
偶然にも
高校時代の
クラスメイトだった。
となりの家は
彼の実家だそうだ。
…。悪いことは
できないものだ。
みえる
みえる
ガラス戸
本だな
本だな
みえる
グレイの巣
コピー
&
ファックス
オルガン
うちあわせのテーブル
窓
作品
など
ぐちゃぐちゃ
作品など
ごちゃごちゃ
作品資料
大半は二階の
大Mのへやへ
本 だな(低い)
アトリエ
本だな
ベッド
本だな
ピアノ
食器だな
食器だな
テーブル
いつも
野の花を
おく
冷
出窓
たな
台所
「ふるやのもり」の
舞台
トイレ
テレビ
勝手口
up

空白

五月十八日、友人ふたりが引っ越し祝いの花とワインをもって遊びにきてくれた。両腕にかかえると顔がみえないほどの白いクジャク草の束、私はこういう花がいちばん好き。単色で地味だけど、長い枝にいっぱいついた葉っぱと小花。コデマリやユキヤナギ、カスミソウ、ウド（レースフラワー）など、いつも窓辺にたやさないようにしている。私のアトリエには野の花がいちばん似合っている。やおやで買ったパセリやクレソン、ワサビだって窓におくと清々しい野の花になった。前の家から持ってきた本棚も机もカーテンも、みんなブルーグレーだったから、雰囲気はあまり変わってないね、と友人。五月の風とレースのカーテン、クジャク草とワイン、グレイと私、絵描きと貧乏、みーんな似合うよね、と脈絡なくすっかりごきげんの私。グレイはこの十日間発作の予兆もなくすごく安定していた。今日もたくさん散歩をしてたっぷり夕食を食べた。くすりもちゃんとのんだしグレイは今ごろ熟睡しているはず。夜の空気が冷えてきたので、私は玄関とアトリエのガラス戸を、犬を起こさないようにそっと閉めた。

外の音は食卓のある台所までは届かなかった。そして私たちは玄関の外で起こったできごとに気づかなかった。

五月十九日、新しい家での二週間めの新しい今日がはじまろうとしていた。鳥が鳴き、カーテンの外が明るくなってきた。おわりそうもない宴に無理やり終止符をうって友だちは重い腰をあげた。玄関のドアをあけると、まだ全てが淡い忘れな草色に沈んでいるような朝の中に小山のようにグレイがねそべっていた。あらあら、ヨドコーの下にねなかったのね。グレイはフェンスとヨドコーのあいだにいた。靴をはきはき中腰になって出ていった友がそのままの姿勢でもどってきた。おしころしたような低い声と共に。

「グレイがたおれてる」

このあとのことはコマ割りでしか覚えていない。まるで絵本の失敗したエスキース（下描き）をばらまいてあわてて拾い集めたような順不同のフラッシュバック。光源がどこかわからないまま明滅する風景。

グレイはたおれた自転車の下じきになっていた。全ての脚に血をにじませ、頭部と上半身の下は血の海だった。首は背骨側にへし折れたまま、口から血とよだれが流れでていた。あわだらけの舌が口からはみ出している。だれもがことばを失ってしーんと静まりかえった空気の底から、泣き声ともうなり声ともつかないギロギロギロという音とぜっぜっぜっと短く荒い呼吸音が、ひびいていた。生きてる！　首の位置をそっと回転させてやると、耳までさけているとしかみえない口がこきざみにふるえている。ベロを口の中に入れてやろうとしてもすぐに同じ形でま横にはみ出してくる。すごい匂いがするのでしっぽを上げてみると、肛門が開きっぱなしでうんこがはみ出したままこびりついている。小さな声でグレイ、グレイ、と耳もとで呼んでみたが何の反応もなかった。焦点の定まらない目が銀バエをたくさんくっつけたみたいにギラギラと銀色にもりあがっている。どんなひどい発作の時でもこんな目はみたことはなかった。断末魔とはこういうことなのか、私はどうしていいのかわからなかった。腰から下がガクガクしてまるで自分の足で立っているようでない。脚が折れているのか、首が折れているのか、内臓が破裂してしまったのか、まるで想像がつかなかった。口のあわと出血の様子から、今までで最大級のてんかんの大発作をおこした、ということだけはわかった。時間とか自転車との因果関係はわからないが、肉球とその周囲がまっ赤に染まるほど、何かにむかってもがきつづけ深い傷を負ったのだ。

三人はほとんど会話をせず（そろってことばを失っていた）、目と目で合図しあっていた。タオルと洗面器をもってきて、玄関わきの水道を流しっぱなしにし、きれいな水でまずグレイの体をふいた。傷の有無をたしかめながら。グレイは全身でガタガタワナワナとこきざみにふるえている以外、さわっても完全に無反応だった。こわかった。死神がほとんど全身にかぶさっているのがみえた。

ひとりは公園口に止めてあった車を運んできた。もうひとりが交代でグレイの体を点検しながらぬれタオルで血をふいてくれた。私は押し入れからシーツやタオルケットを持ってきた。三人がかりで、そーっと横になったままのグレイをシーツにのせた。午前五時四十五分になっていた。

ヒラミ医院に電話。当直の獣医さんから七時に来るようにと指示されるが待てず、私たちはシーツごとグレイを車にのせた。六時半にヒラミ医院のブザーをおす。夜勤明けの女医さんがもう待っていてくれて、グレイの状態をみるとまず速効性のけいれん止めと吐気止めの注射をうった。ものすごい早さで手足の消毒をし、ケガはたいしたことありませんと言い、肛門に体温計をさしこんだ。四十度——座薬の解熱剤をいれる。

「おあずかりします」

女医さんの声と顔から、楽観できないことが伝わってきた。今は何かをたずねる時ではない。発見からここに到着までの経過はもう電話で話してある。一刻も無駄にしたくなかった。そばにいてもなす術もない飼い主は今センチメンタルになってはだめなのだ、と必死に自分に言いきかせていた。

女医さんはグレイを抱えると（私たちがどうやってかかえていいかわからなかったあの大きな重態の犬を!!）診察室の奥のオリ（入院病棟）の方に消えていった。

その後のことはまったく覚えていない。たぶん家に帰ってふたりのMたちに事情を説明し、学校へ行かせたのだと思う。

何度か電話したが、そのたびにとりあえず生きている、今は面会できません、ということしかわからなかった。「何かあったらこちらから連絡します」——その連絡があったのは翌日の夜の七時ごろだった。

「肝臓不全でよくない状態です」

午後十一時――けいれんが止まらない。全身疲労の結果、乳酸過多、血液の酸化（アシドーシス）[*]で体内のあちこちの細胞が死んでいる状態。下痢止まらず、とのこと。

眠ったのか食べたのか、全く思い出せず。二日間の自分の感情も思い出せない。はっきり記憶にあるのはここで書いた獣医さんからのコメントのみ。

＊アシドーシス（acidosis）　体液が異常に酸性になった状態。呼吸系の異常や下痢、腎不全などによりおこる。脱水、昏睡などの意識障害、腹痛などを伴う。

面会

5月21日　AM9：00　安定してます。朝少し食べました、と連絡ある。

AM11：00　面会の許可出る。飛んで行く。

グレイは一メートル四方ぐらいのオリの中に横たわっていた。オリの外に点滴のびんが逆さに固定されて透明なチューブがオリの中のグレイの右手につながっていた。針をおさえるため上から巻いたサポーターのピンク色がそこだけ場ちがいに華やかにまぶしい。口の周囲の白い毛がおとといの血で染まってとれないまま今は茶色に変色してあんこをつけたみたいな口になっている。血尿、血便止まらず、お尻はまっ茶色だった。口からも血の混じったよだれがたえず流れ出てシーツをよごしている。短く荒い呼吸。閉じたままの目。

「ほとんど眠っています」

点滴は強肝剤、抗てんかん剤、ぶどう糖などだそうだ。

「食べないとあぶないんです。おかあさんだと食べるかもしれません」のことばに涙があふれる。そのおかあさんは、おまえがたおれた時、すぐ気づいてあげられなかった。悔いても悔いてもあの明け方の時間はもどってこない。

「グレイ」と呼ぶと、ぼんやり目をあけ首だけこちらに向けた。首より下のいっさいがまったく動かないようだった。体中の細胞が死にかけているのだ。

今まで何度も入院させてきたが、入院病棟に入れてもらったのは初めてのことだった。獣医さんたちの肉体労働のすごさを初めて知った。グレイはひっきりなしにシャーシャーと血便を出す。そのたびにあの重たい大きな体を全身でかかえて抱きおこし、下のシーツやタオルをとりかえ、おしりの消毒をしていた。よごれものをすぐ洗い場につけて洗たく。いやな顔ひとつせず、他人の家の犬の始末をしている。涙がとめどなく流れる。他に四匹の犬がめいめいのオリの中でおとなしくしていた。グレイがいちばん大きくて、いちばん重症だった。

夕方、もう一度行く。えさをもって。ミルク、パン、ボーロ、私の手から食べる。首だけ動くがその下の体は別の物体。特に後ろ脚はぬいぐるみの人形のように意志もなくころがっているだけだった。よだれがひっきりなしに流れていて血が混じっている。若い獣医さんたちが交代で徹夜をしているときいてまた涙が止まらなくなる。ヒラミ先生が入ってきた。まあるいお顔に緑色の手術用の滅菌帽をかぶって余計にまんまるになっている。お腹もまるい。眼光は鋭く声も大きいが目の奥がすごくやさしい。てんかん発作で何度か往診にもきてくれたことがあったが、どんな事態でも接してて心から救いを感じる。なぜか人間のお医者さんよりずっと信頼できる気がする。

「どうも、ただのてんかんではないようです。――脳腫瘍かもしれない」

そして、CTをとりたいが、ここでは無理。大きな大学病院にたのまなければならない。そのためにはまず、少しでも動ける体になるよう、おかあさん、がんばって体力をもどしてあげましょう。犬は食べないと（胃腸を自分の力で動かさないと）すぐだめになる。毎日えさを作ってきて食べさせることを約束して帰宅。

家に帰ると、ヨドコーの犬小屋がやけに大きくみえた。みんな自転車をグレイから離れた所に置くくせがそのまま残っていたので、空っぽのヨドコーの屋根付き自転車置場が意味不明な玄関の風景。

5月22日 ＰＭ１：00 大根と鶏ひき肉煮たもの（ミルク入り）食べる。
首をもたげて目をキョロキョロさせる。起きようとするができない。
ＰＭ６：30 Ｍたちと行く。目はしっかりしている。家族がわかる様子。ボーロ、離乳食といっしょに食べる。おかあさんだとやっぱり食べますね、の女医さんのことばに励まされるとともに泣ける。血便血尿止まらず。

ヒラミ先生がレントゲンと血液検査の結果をみせてくれる。白血球が異常に多く脾臓が巨大にはれている。肝臓の数値も正常値の何十倍で「依然としてよくない状態」。グレイが動かすと痛がるのは、脾臓の異常なはれによるものと言われる。
「開腹手術をして脾臓を摘出したいが、体力が回復しないと手術はできない。今はＣＴさえとれない。脾臓をとってしまうと、痛みもなくなるから楽になるのですが……」
家族が帰ろうとすると、ガバッと上体だけはね起き、またすぐバタッと倒れた。少しずつ少しずつ回復していると信じて病院を出る。

5月23日 ＰＭ１：00 すごい食欲（大根と鶏肉）。起きようとする意志強い。だっこすると目をつむってそのまま眠る。
ＰＭ７：00 腕にもたれたますますすごい食欲。私の指までかじる。一日に何回もすっぱい匂いの血便を出す。胆汁がそのまま出てしまうのと、まともな量を食べていないので腸内壁がえ死して脱落して出てくるとのこと。

5月24日 PM1:00 あいかわらず首から上だけグレイ。両手両足、まるでふぬけの人形状態。脳と目と鼻は食べることしか考えていないようにみえる。グレイは長らえてぼけ老人になっても、きっと食欲だけの犬になると思う。それでも生きててほしい。どんな体であってもずっとずっと共にいたい。

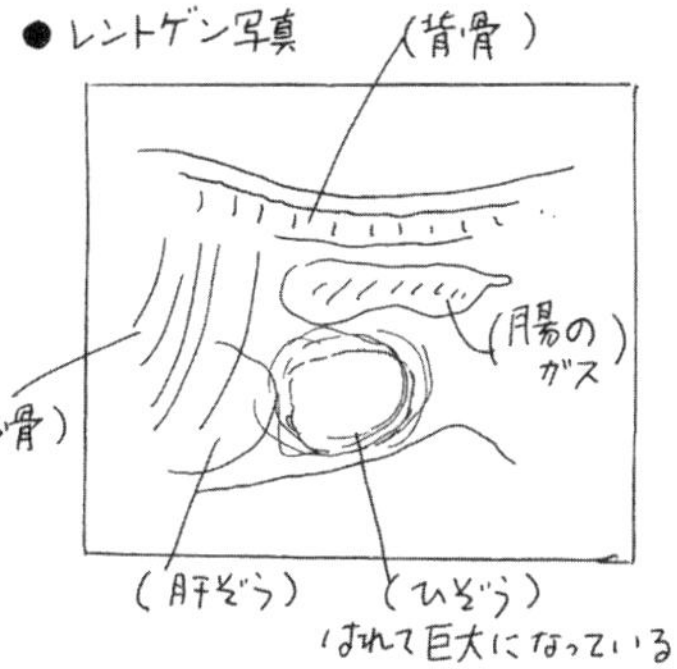

血液検査の結果

	正常値	グレイの数値			
		5/19	5/22	5/24	
白血球数	6000〜15000 個/μℓ	18000	30800	24800	↑ 興奮、ストレス、炎症
GOT	10〜30 IU/L	65	1000	676	↑ 骨格筋のえ死、肝疾患
GPT	10〜50 IU/L	742	418	477	↑ 肝え死、肝炎
ALP	10〜50 IU/L	1500	461	412	↑ 肝疾患、胆管閉鎖
T-cho	81−151	224	191	198	↑ 甲状腺機能低下
Ht (%)	40−55	41	34	32	↓ 失血、喀血、骨髄抑制

5/23 私が帰ろうとすると首だけ
がバッとはね起きて
またばたり！とたおれる。

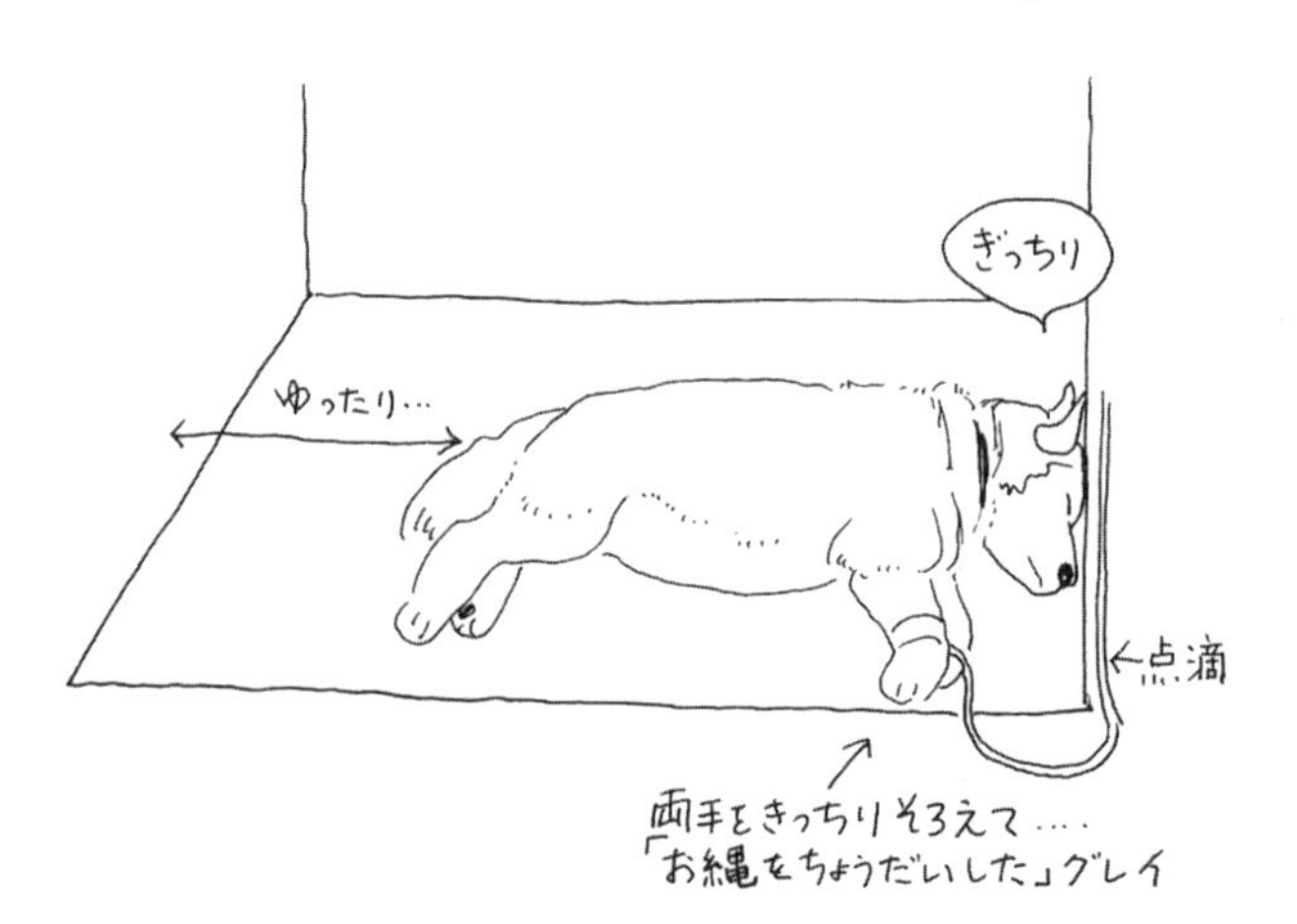
5/24 広いオリなのに なぜか頭をカベに
くっつけて 顔をつぶして眠っていた。
ぎっちり
ゆったり…
←点滴
両手をきっちりそろえて….
「お縄をちょうだいした」グレイ

オリに入りこんでだきしめる

だっこすると すぐ目をつむって
安心して 眠そうにする。

時々「ぶふーん」と
ため息のような
吐息をつく。

口のまわり、
あんこつけた
おじさんみたい

インフォームド・コンセント

ヒラミ先生は、今日の肝臓の検査の結果次第で、明日退院させてもよい、と言う。まだまだ重篤だとばかり思っていたので意味がのみこめず少しぼんやりする。先生は、家族のあいだで、生活の刺激を与えて生きる気力を起こさせた方がよい、というのだ。リハビリ的な意味でも……と。頭にかかった不透明な膜に何かが切りこむように急にいやな予感が入りこむ。――もう助からない命だから、短い日数でもグレイといっしょに生活してやってくださいということだろうか。しかしとても口に出せなかった。どんなに手厚い看護のもとでも、点滴につながれたままオリの中での生活では、たしかにグレイにとっても気力の起こしようがないだろう。病院の帰り、退院後のためのケア用品を買った。

ビニールシート二、紙おむつ二、タオル（安もの）十枚、バスタオル四枚、キッチンペーパー、ハイター（漂白剤）。しばらく家の中で〝犬の在宅ケア〟になる。昨年家で死んだ父のことを考えながら買いものをした。

夜七時、Mたちと病院へ。グレイはぐっすり眠っていた。オリ越しに三人でなでてもつっついても気がつかないので、えさを冷蔵庫にあずけ五分ほど犬見をして帰る。

やはりあした退院らしい。検査の数値はほとんど変わっていないのにだ。ヒラミ先生はやはりもうみこみがないと考えているのだろうか。家族と犬のためにそれがいちばんいいということを、ベテランの獣医さんだから知っているのだろうか。まさか……グレイはだってまだ五歳にもなっていないのだ。

犬が倒れても、入院しても退院しても、仕事のスケジュールを大はばに変更するわけにはいかなかった。「うちの犬が……」というのは世の中の動きを変える理由としては認知されていないようだった。「父が……余命○月で…」と「うちの犬の余命が……」というのは大ちがいらしい。昨年の夏、父は死んでしまったのであんまり締め切りをさいそくされたら、今度は「母が…」「Mが…」と言ってみようか。

そうだ、母に電話してみよう。母は在宅ケアの実践者だ。末期ガンで余命四ヶ月といわれた父を家でケアして十ヶ月まで延命させた先輩だ。そういえば、今日のグレイの寝顔、父にそっくりだった。私はMたちとわざとバカ話ばかりしながら家に帰った。みるものきくもの悲しすぎる。

在宅ケア

朝早くヒラミ先生から電話。

「おひる過ぎ、送っていきます。ここにいてもどうしようもないから、退院させましょう」

グレイが帰ってくる。首から下動かない犬のまま戻ってくるけど、グレイの様子をそばでみられるのがやっぱりうれしい。死の淵から生還したと言ってもいい重態だから私のことわかっているのかわからないけど、家族の声やまなざしの中で、なでられたりさすられたり、お尻をふかれたりするうちに、きっと何かを思い出してくれるだろう。点滴はずして帰ってくるのだから、栄養つけてあげなきゃ。

アトリエの一角、窓辺のいちばん広い所にビニールシートをはり、その上にシーツとタオルをしき、グレイの巣を作って今か今かと待った。午後四時ごろ二人の若い獣医さんが車にグレイをつんできた。バンの後ろ扉をあけると、大きなチリトリみたいな形のバットの中におすわりしているグレイが現れた。おすわり！　グレイは上半身起こせるようになっていたのだ。

車の中ではずーっとこうしていたんですよ。家が近づくとソワソワしていましたよ、と女医さん。退院の意味するものがもう形になってあらわれていた。

グレイはビニールシートの上の自分の巣が気にいったのか、両ひじついて首をあげてキョロキョロとアトリエ中をながめまわした。ヨドコーの下にいるよりみんなの注目をあびられるからか、目が生き生きしている。昨日のグレイと別の犬みたいだ。

「病院にいると病人になっちゃうからいやだ」と言って、余命四ヶ月を告知された父はさっさとガンセンターを退院した。きっとグレイも退院したかったんだ。動物のお医者さんは、それをよく知っていたのだ。

夕方、Mたちも帰ってきて、四方からグレイ、グレイ、と呼ぶものだから、グレイの記憶と生きるエネルギーがどんどん甦(よみがえ)ってくるようだった。

ねがえり

昨夜私は安心したのかどっと疲れがでたのか、八時頃グレイの横でうたたねしてしまった。気がつくと、グレイがふらつく脚で立っていた。後ろの二本は全く動かないが、それでも前足だけで、いざるようにして歩いているではないか。その後ろ姿は大Mや小Mが赤ん坊だったころはじめて二本の足で立った姿とそっくりだった。

はじめの一歩…

早朝いいうんこが巣の上に。
夕方ヒラミ先生が往診にくる。病院でよりずっと元気になっていて驚く。
後ろ脚が立たないのは、背骨を痛めているのかもしれない（自転車の下じきになった時に）。
神経は切れていない。切れると二、三日で筋肉がなくなるからすぐわかる。一週間か十日様子をみて、大学病院に予約をとるように。今までの記録は電話とＦＡＸしておきます。麻酔は体力がないとできない。ＣＴは頭部から脚まで全部とるから、全身麻酔になる。栄養つけてやってください。

まあるいお顔の先生が帰っていくのをグレイは巣の中から見送る。

翌日、依然として同じ。上半身起こしてスフィンクスの像になって家中ながめまわしているが立つ気なし。それでいて仕事のあいまにグレイをみると、いつも向きが変わっている。いつどうやって寝がえりうっているのか。昨夜も私が眠っている間にひとりで立つ練習をしていた。はえば立て、立てば歩めの親心。しかしグレイは私の前では常に毛のはえたスフィンクスになりきっていた。

グレイが帰ってきたのでひとまず安心して新潮社の装幀の仕事に入る。

窓辺の花

食っちゃ寝、飲んじゃ寝、の生活だから最近は便ぴのグレイ。下痢がつづいては心配し、便ぴになったと言っては心配する私。おしっこは寝たままで大量にする。そのたびにビニールシートの上の紙おむつをかたづけ、シーツやタオルの洗たく。洗たく機は使えないから、グレイ専用のたらいを買って庭でじゃぶじゃぶ洗たくばあさん。

日の輝き、強くなった。事故のショックからかあの日以来声は出ず。立たせようとすると怒る。痛いからなのか、かまってほしいからなのか自ら立つ気力まったく無し。近所の子供がフェンスの外からのぞいているので開けて窓辺まで入ってもらう。伏せたまま頭をなでてもらって満足気。クリーニング屋さんが月、水、金の週三日、窓辺でグレイと世間話をしていく。「早く起きなさいよ」とか「男のくせに口紅（口のまわりの血のしみがとれない）つけて何笑ってるの」とか励ましたりからかったり、やさしく背中をさすっていく。グレイは女の人と子供が大好きだけどおじさんにはそっぽむいている。でもクリーニング屋さんは唯一昔住んでいた町の匂いを運んでくれる人。庭のカクレミノの木の下でいつも頭をなでてもらっていた。遠い遠い日のどこかであのカクレミノの木の下にうめていたロールパンのことを思い出す。

はっはっ
はっ
ズリズリ

甦る犬

5月30日　朝、大量のおしっこの始末してお尻をふいてやろうとすると、いやがって自力で立ってしまった。そしてそのままトタトタトタとへやの中を歩き回っていた。三分くらいしてもとの場所にきてちゃんと犬の格好してうんこをした（退院以来はじめてみせたこの姿、なつかしかった）。それから玄関に出て外をぶらっと歩いて疲れ果ててもとの所で寝てしまった。

5月31日　朝と夜二回しっかりと立つ。そのたびに外でおしっこするのだが、そのぬれた足であがってへやを歩き回るので、ぞうきんを持っておいかけまわす。この夜から外で寝かす。すなおにヨドコーの屋根の下で寝た。夜は外の方が気分がよさそう。

6月3日　日本獣医畜産大学付属家畜病院にCTの電話。17日の午後3時30分を予約。肝臓はエコーの方がよいといわれる。ヒラミ先生に電話。14日に直接FAXとTELをしてくれるそうだ。

5年前を思い出すよー

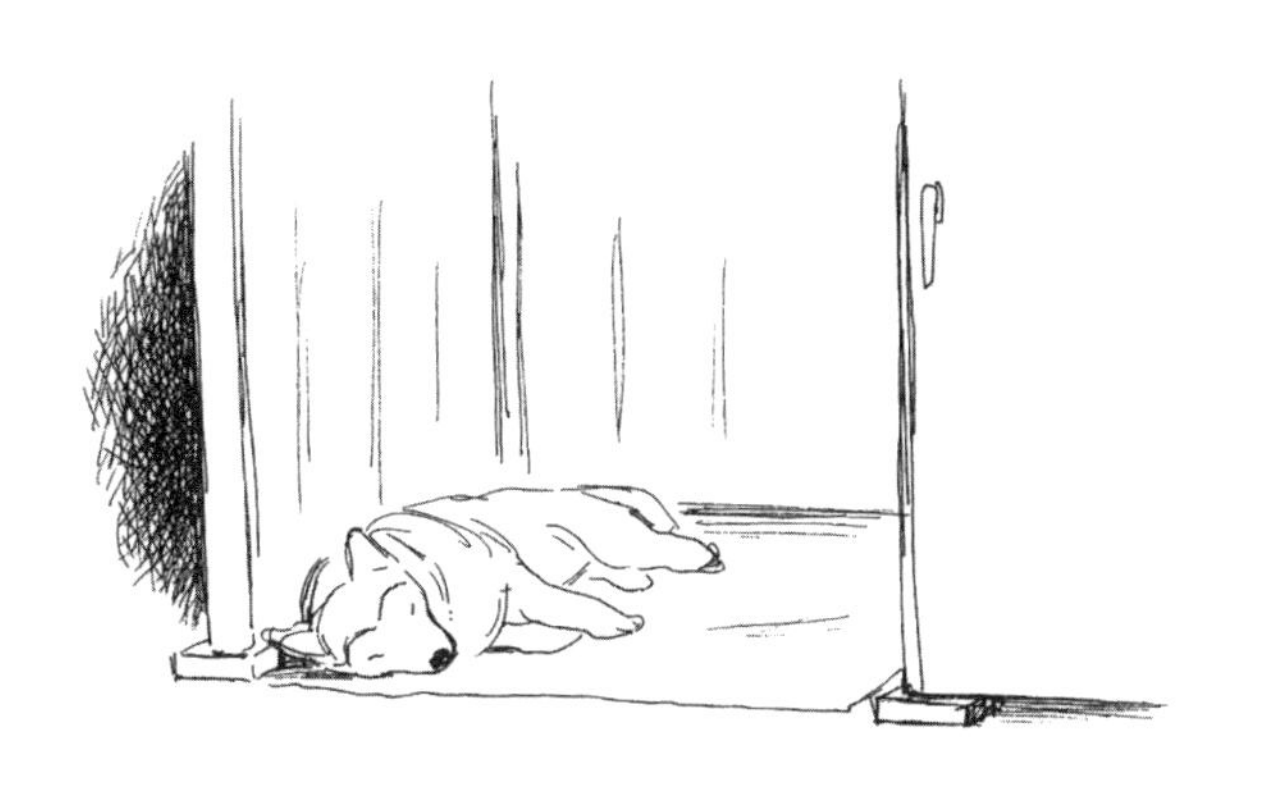

グレイ点描Ⅰ

ひもの長さの
限界まで入ってくると、
こういう姿に
なる
玄関とアトリエの間の
しきいの上にねそべっている

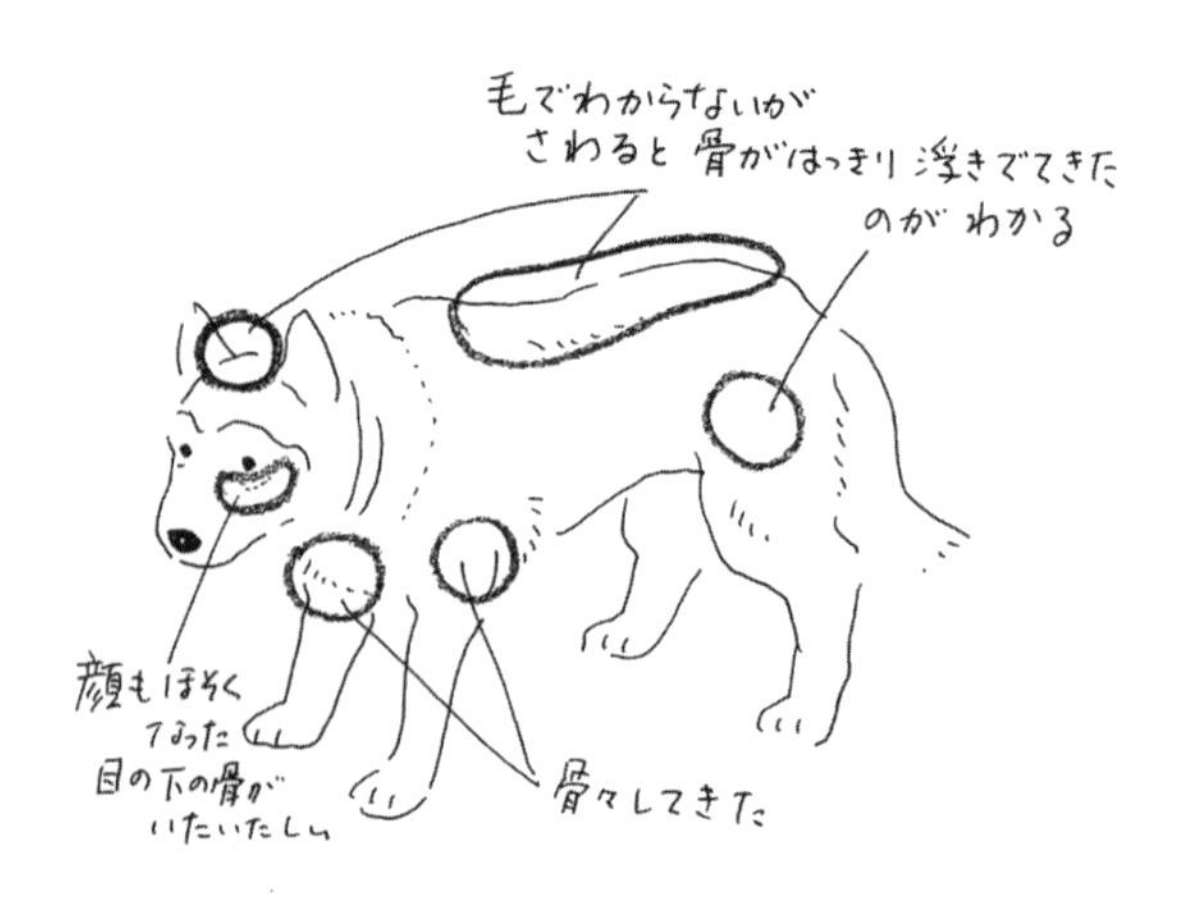

毛でわからないが
さわると骨がはっきり浮きでてきた
のがわかる
顔もほそく
なった
目の下の骨が
いたいたしい
骨々してきた

毛のはえたスフィンクスの日。

頭をおとしたり
手の上に顔をのせて
眠ってること多し。

6/4 ヒラミ医院から2人の獣医さん、
検査の血液とりに来る。
グレイ、すごい声で鳴く。
退院以来 はじめて
声を出した。
ギエー
ギエー
ビエー

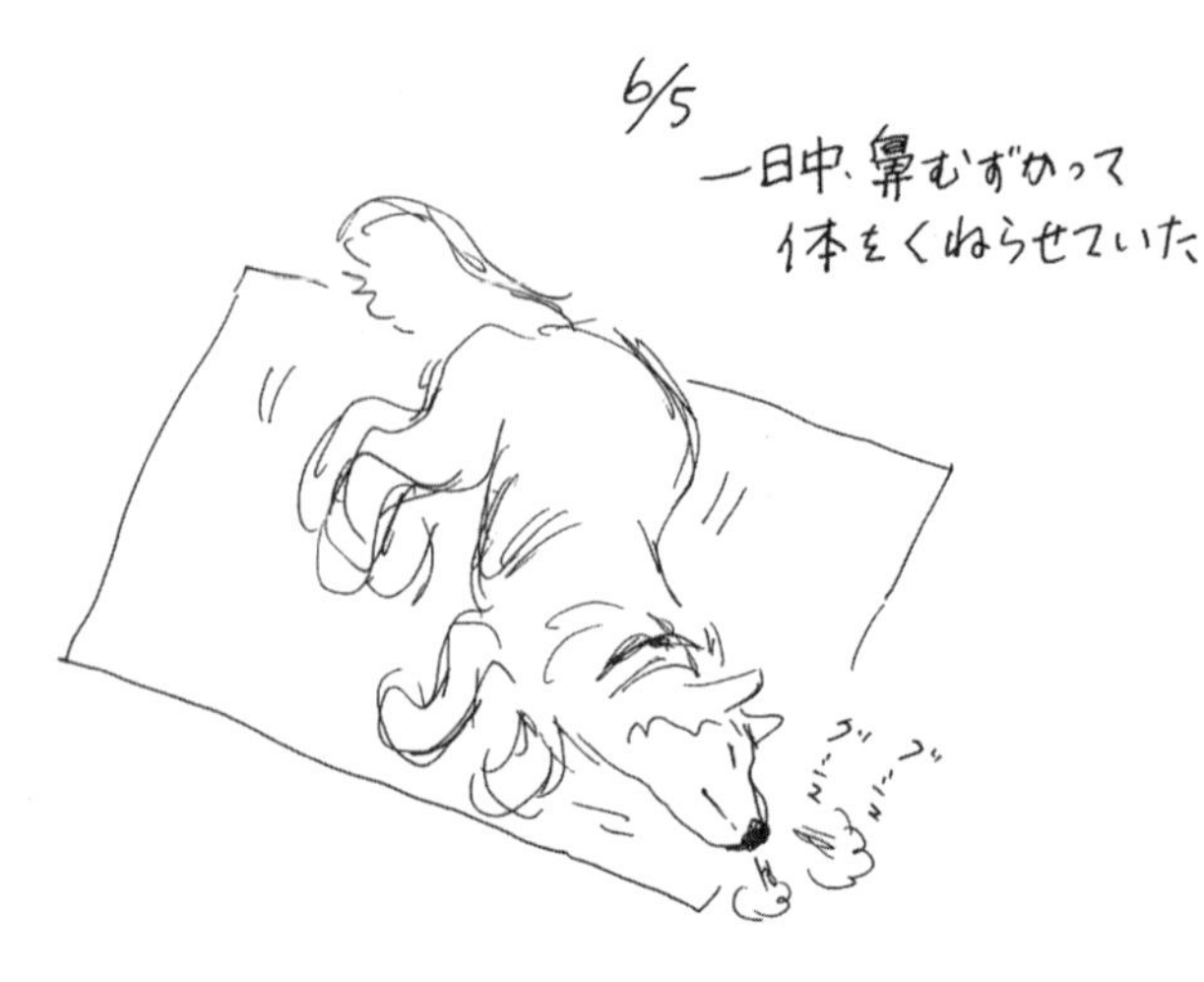

中公のMさん来る。文庫のうちあわせ。理論社の『グレイがまってるから』が文庫になるのだ。

このごろ片手をひっこめて
いること多い。

自分のことが話題になってるのが
わかるのか 何度も立って こっちを呼ぶ。

取材で盛岡に行くためグレイをヒラミ医院に入院させる。みつばちの１年をおいかけて、「はちみつ」ができるまでの絵本の取材。みつばちの６月はトチノキの蜜をあつめる時期。蜂も季節も待ってはくれない。

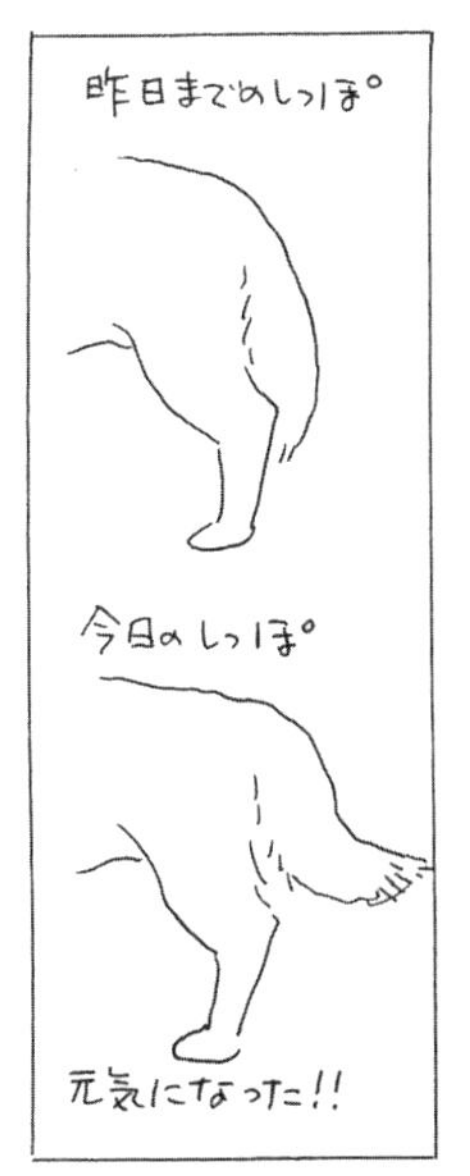

今週の仕事——エッセイ２本
画集レイアウト（新潮社）
絵本「雲のてんらん会」
ラフスケッチ描く（講談社）
６/11 サンケイ児童出版文化賞
授賞式
絵本「はちみつ」のエスキース
（福音館書店）

それでも「ね」の顔

朝、目がキラキラしているかと思うと、夕方にはまっ暗闇の洞窟の目。食べたり食べなかったりも気分次第。むし暑くなって、夜は外の方が気持ちよさそう。アトリエに入ると機嫌はよいが、おしっこもらしてばかり。付着したおしっこやうんこをふいて消毒しても、やはり体調のせいか毛の質まで病気っぽい。お風呂にも入れてやれないのでバサバサだ。風がにあってた銀色の毛皮のコートぬぎ捨てて、今はうす汚れた灰、黒、茶、白のまだら犬。量だけは多いので外の人にはその毛並みの下のやせた犬は想像できないようだ。みんなに元気そうですね、と言われて辛い。手にふれる骨の面積が日ごとに広がっているのがわかる。

ある日のグレイ
食べず。くすりだけ。
おしっこもらす。けど必ず知らせる。
ひんひん鳴く。甘えているのだ。
夜中、寝苦しそう。何度も形を変える。
うんこ、あちこちに。
イライラしている。
散歩はたのしそうだ。
後ろをふりかえって「ね」のカオをする。
骨を放ってこっちをみる。
「トッテコイ」の訓練の逆襲か。

ＣＴ検査

6月17日　朝、玄関に点々と血。外傷なのか排泄時の出血なのか不明。うんこ、正常。おしっこ、まっ黄色。何回ももらす。散歩、よろこぶ。

午後三時半、いよいよＣＴ検査へ。いつものヒラミ先生の所ではない。日本獣医畜産大学付属家畜病院。グレイは家畜なのだ。

車の中におとなしくおさまっている。車での移動には、もう入退院で慣れてしまったのか、外の景色をみることもなく私の体にもたれて目をとじている。家族旅行や遠出のたびにやたら興奮して窓ガラスをよだれだらけにして外に出たがっていた姿を思い出す。

大学病院の待ち合い室では、十匹くらいの患犬患猫がお行儀よく飼い主の横ですわったり伏せたりしていた。しつけがいいのか、病気を自覚しているからか、おとなしい。他人や患者に対して興味を示しても、ふらふら寄ってきたりちょっかいだしたり吠えたりする奴など一匹もいない。グレイもてんかんの薬をのんでいるせいか、静かだ。

問診室に入り、若い女の獣医さんが抱いて体重計にのせようとすると、すごい形相でかみつこうとした。さわられたお腹が痛かったのかもしれない。全身で抵抗するので、口輪をはめられて奥へつれていかれた。

全身麻酔してからCT検査ときいていたが、みえない場所でのことなので、注射をみたグレイがどんなにあばれたか、私にはわからない。

どのくらい待ったか、記憶にない。主治医のドクターOがCT室へ来るように、と呼びに来た時、廊下の窓の外がもうまっ暗になっていた。

検査の結果をモニターでみせてくれた。頭からお尻までグレイの輪切りが次々に画面に映し出された。

「全身の検査をしました」

ドクターOは脳神経の専門医。大きく見開かれた目がどこまでも深いやさしさでいっぱいの表情。知的でやせたソクラテス、という印象。

「脳腫瘍はありません。真性のてんかんです。それは今までのヒラミ先生の診断と処方にまちがいありません。今はそれよりも、腹部の方が時間を争う問題です。脾臓と肝臓の悪性の血管腫の末期です」

じっと目をみつめてゆっくりとことばを選ぶように話すドクターOの声は一〇〇パーセント信頼できた。そして私は一〇〇パーセント絶望してきいていた。

「ガン……ですか」

「細胞診をしないとわかりませんが、おそらく。脾臓が巨大化して他の臓器を圧迫しているのでグレイは苦しいのです。摘出手術すれば、ひょっとすると三、四ヶ月生きられるかもしれない。このままでは一ヶ月ももたないでしょう。脾臓がいつ破裂して大出血してもおかしくない状態です。肝臓は転移が進みすぎていて手術ではもうとれません」

「脾臓をとると、ほんとうに楽になるのですか？」

「痛みはなくなります。肝臓はガンでも痛くないけど脾臓は痛いのです。それを取り去ってわずかな時間でも家族と共にたのしい思い出の時間を作るか、このまま死なせるか、お考えください」

ドクターの話し方は限りなくやさしさと誠意に満ちていた。まっ暗な検査室で目の前のＣＴ画像だけが青く光っていた。

氷点下でも凍らない湖の透明な湖面に、ピターンと雫がひとつ落ちて、幾重もの円が音もなく無限に広がっていくように、私はただまっすぐ〈グレイがガンで、もうすぐ死ぬ〉という事実だけと向きあっていた。

二日後の手術を予約して帰った。

いくつかの出版社にグレイのこと簡単に記し、ＦＡＸで原稿の締め切りを少しのばしてもらう。

グレイのしっぽ

朝から強い風。雲が乱れ狂って空に透明なひびを作っている。幾枚もの白い巨大な旗が裏表に翻って空が不透明な白でいっぱいになったと思ったら、いきなり雨が降り出した。驟雨だ。梅雨時の雨ではなく、銀の直線が冬の氷雨のようにみえる。ヨドコーの屋根の下にまで斜めに雨が入りこみ、玄関のたたきにもドアにも、アトリエのガラス戸にも雨が針のように射す。

昨日、麻酔からさめないグレイをあのまま病院にあずけてきてよかった――こんな日は、ずっと私の部屋にいたがるだろう。玄関にねそべってチューインガムをかじるだろう。そして時々、ポイと遠くに放って「ほらほら」と私のカオをのぞくのだ。その目はきっとこう言っている。

「おかあさん、とってよ。のんきだねえ」

たるんだ皮ふに長い毛が密集していたから、中身があんなに細かったなんて、のんきでなくても誰にもわからなかったろう。昨日のCT、グレイの輪かくは想像していたよりずっと細かった。その細いお腹にラグビーボール大の脾臓が収まっているのだ。

ことばがわからない動物を相手にしている獣医さんたちは、そのぶん想像力を働かすことができるのか、こちらが感動するくらい、患犬にむかっても、飼い主に対しても誠実で深い愛情にあふれていた。動物にお金や勲章をみせても通じるはずもないから、野心や権力志向の強い人は動物のお医者さんにはならないだろう。その分動物のお医者さんは人間のお医者さんより患者とその家族に近いと私は思う。

グレイがガリガリ破っていたアトリエの網戸の網が雨と風にあおられてばさばさ踊っている。破れ目からぬーっと現れるカオがないから、ただの貧乏くさくてつまらぬ窓の風景を一日中みつめて泣いた。しっぽだけでもいい。その破れ目から現れてほしい。

午後、昨日の検査の結果をようやく口にする勇気がでてきたので、ヒラミ先生に電話する。ドクターOからすでに連絡は入っていた。

——わかっていました。良性の方に期待をかけていたのですが……でも、よくあそこまで体力を回復させましたね。

「手術」の選択はよかったと思いますよ。わずかな時間でも痛みのない楽しい時間を作るのはいい。

——退院後のケアはうちでやってもいいんですよ。

——気をおとさないでください。辛いと思いますが。犬にとっても寝たきりで生きていて幸せかどうかを考えると、手術はいいと思いますよ。あとは運命を受け入れるしかない。

——あの子はてんかんもひどくなってきているから、今度大発作をおこしたら今の体力（脾臓を保持したままの状態での）ではもうムリだったでしょう。

私は泣きっぱなしだったので、電話のむこうでヒラミ先生はずーっとひとりで喋(しゃべ)っていた。

グレイにとって、最良の最後の時間をもてるように、ヒラミ先生が家族のふつうの生活の中に、グレイをだまって帰したことがよくわかった。先生の声は土にしみこむ春の雨のようにやさしかった。

外では雨はいつのまにかあがっていた。

しつこい家族

「絶対にグレイが助かるところをみたい」と大M。

「グレイを苦しめたガンをみてやる」と小M。

「グレイをひとりで闘わせるわけにはいかないネ」と私。

いよいよ手術の日。家を出る前に病院に電話で問いあわせる。

「手術をみたいのですが」

といったら、あっさりことわられた。午後三時四十五分、受付で再度たのむ。

「前例がありません。飼い主にたちあわせないのが規則です」

と厳しくことわられる。ドクターOに直訴する。

「前例がありません。それに今日の手術担当医はW先生ですのでそちらにきかないと……」

ドクターWは外科医で、グレイの開腹手術は脾臓摘出だから脳神経科のドクターOは主治医だけど今日はあくまでもサポーターなのだった。入院病棟から外来、廊下まで、ドクターWをさがしまわって、ようやくみつけてお願いする。

「だめです。神経を使いますから。後でビデオをおみせしますから」

びしっとことわられた。手術中だまって廊下で待つなんて私には耐えられない。いよいよドクターWを先頭に助手や学生、若い女医らが総勢十人ぐらいのチームになって廊下のむこうからやってきた時、私はしつこくもまたかけ寄る。手にもった『グレイがまってるから』と『気分はおすわりの日』の本を二冊突然ドクターの前につき出すと、

「こういう形でグレイとの生活を書いてきました。今日はどうしてもこの目で手術をみないと気がすみません。グレイの闘病は家族の闘病でもあるんです。私は絵描きです。もの書きです。グレイのおかあさんです。私は自分の体も全身麻酔で手術を受けたことがあります。昨年末期ガンの父の在宅ケアもずーっとみとどけたし、この右眼（自分の目をぐりぐり指して）の網膜剝離の手術の時だって三時間半の大手術をこの眼で（再びぐりぐり指して）ずーっと見ていたし、こわいものなんて何もありません。貧血でぶったおれるなんてことあり得ませんからどうぞみせてください。絶対にうろちょろして迷惑かけるようなこともしませんから。おねがいします!!」

私の形相におどろいたのか、あまりのしつこさにうんざりしたのか、ドクターWは苦笑して、

「わかりました。いいでしょう」

と言った。ようやく許可がおりた三人（?　いつのまにか三人組になっている。ドクターは私だけかと思ったら、ぞろぞろ小さいのがついてきてはなれないので再度苦笑していた）は、帽子とマスクを渡され、手を消毒するように言われた。

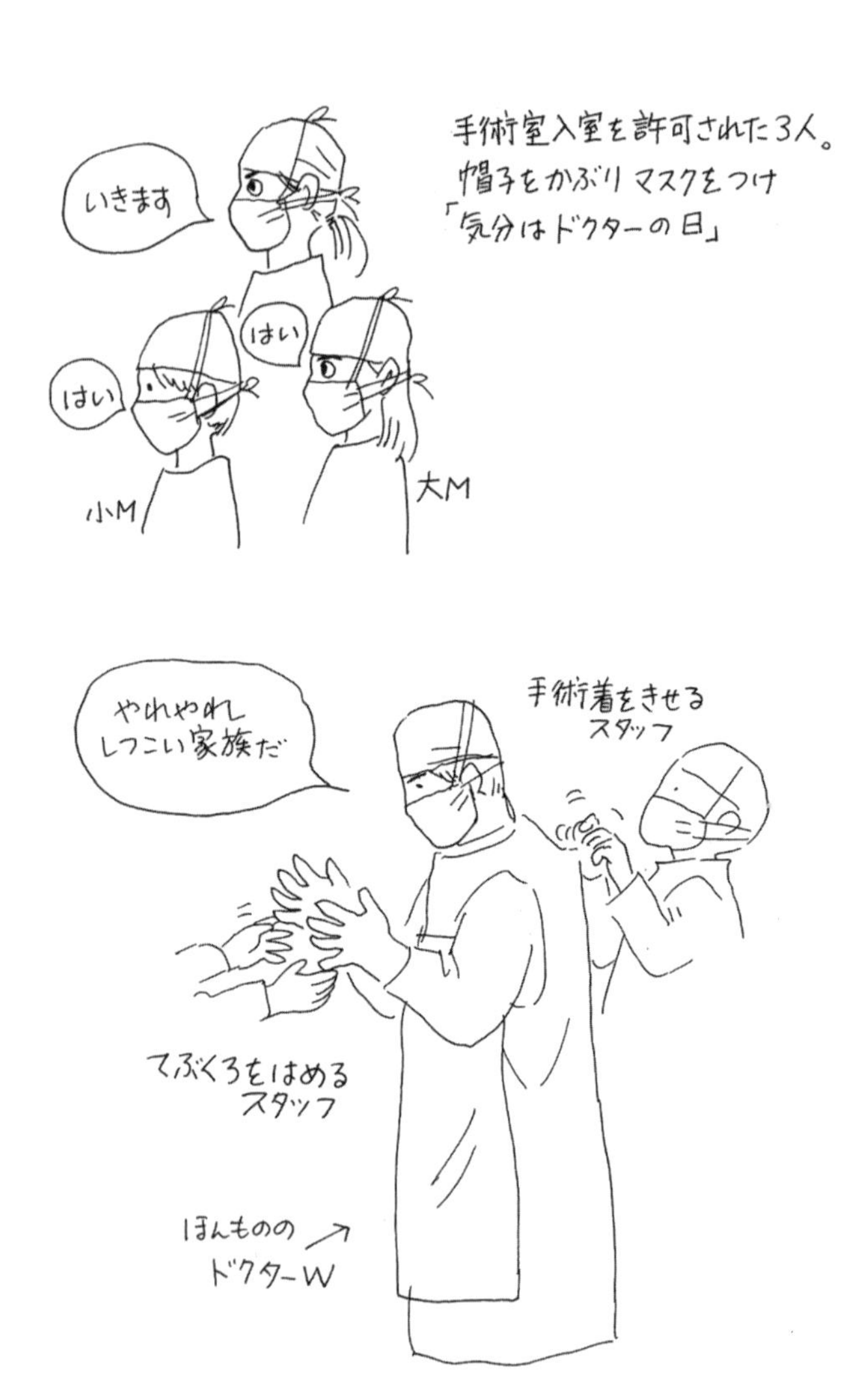
手術室入室を許可された3人。
帽子をかぶりマスクをつけ
「気分はドクターの日」
いきます
はい
はい
小M
大M
やれやれしつこい家族だ
手術着をきせるスタッフ
てぶくろをはめるスタッフ
ほんもののドクターW

PM 3:45

手術前に オリの中のグレイに会う。
グレイは 格子に体をすりよせて なでてほしがる。
《どこかぼーっとして どこか不安気で なんとなく あきらめの顔》

家族をみて コーフンする
わけでもなく ――
だが ちょっとでも
オリから 離れようとすると
目で追って キシキシと
鳴く。

PM4:10　いよいよドクターW先頭に手術チームが現れると その迫力におびえたのか、グレイ、待ち合い室の方へ 走り出す。

● 麻酔（2CCの軽い注しゃ.2本）
① かいめ

失敗

注しゃをみて
狂暴になった

そして必死で→
逃げまわった

この犬に麻酔をかける方法を
討議中のドクター軍団

注しゃ

ドクターW

②かいめ
私の足のあいだに
首をはさんで
なでなでしているうちに
おしりに注しゃ(男子学生)
大成功!!

③かいめ
女子学生が
ナーバスになっているグレイに
注しゃをちらつかせるが……
グレイちゃん
お注しゃ
しようね
またまた私が
足でじゃれている
うちに男子学生が
あっというまに
大成功!!
プス
なでなで

PM 5:00
そーっとそーっとグレイの鼻に麻酔を近づける。
ところがメーターが動いていない。
笑気麻酔
の装置
おいおい
ホースがはずれて
いるじゃないか
犬の麻酔を
かいでぼくが
眠ってしまうぞ
こまった
ドクター○の周囲には
笑気ガスが充満
手術台
眠りながら抵抗するグレイ
(鼻を入れさせない)

● 気の弱い人は みないでください

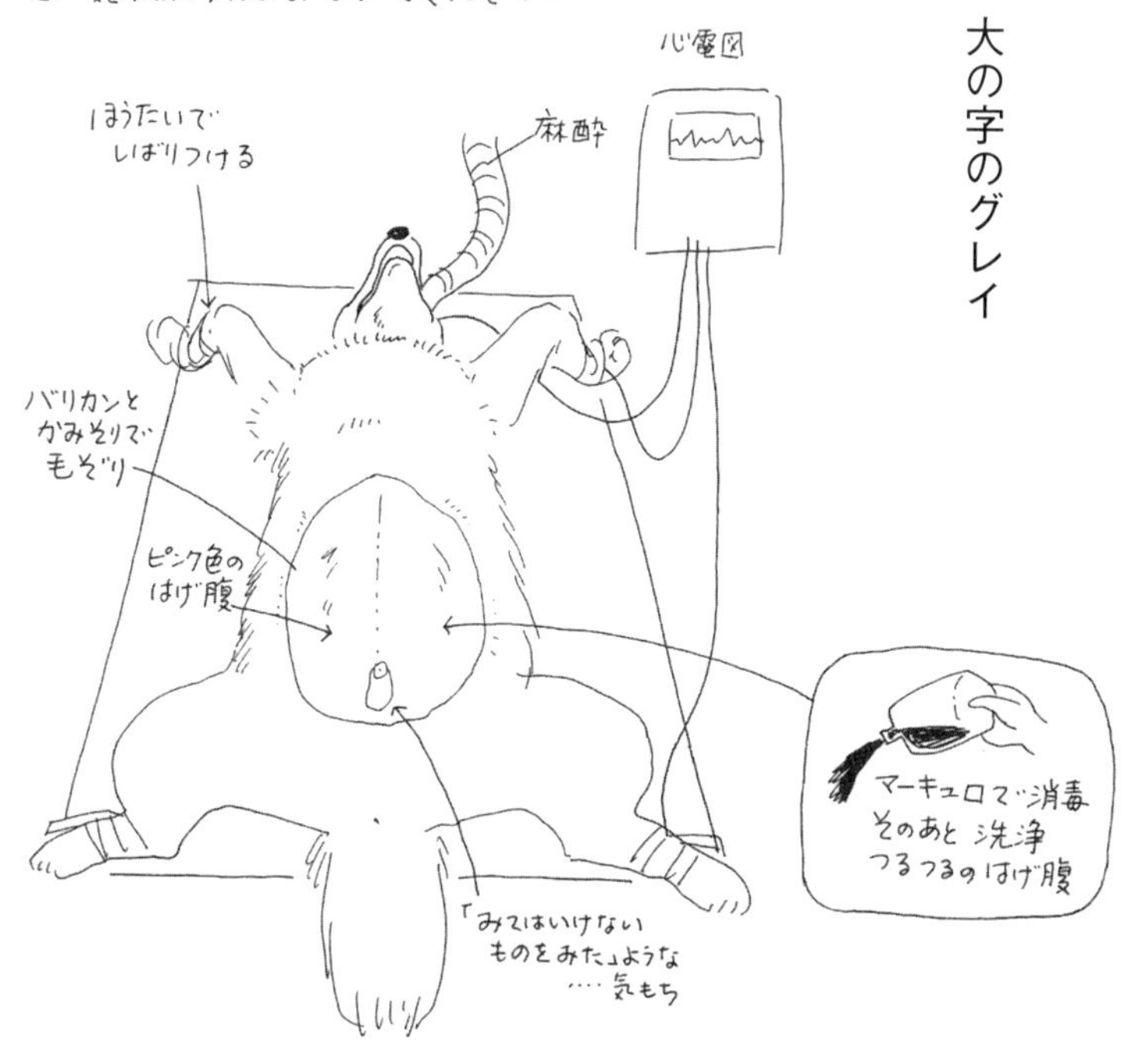

（ま横からみたところ）

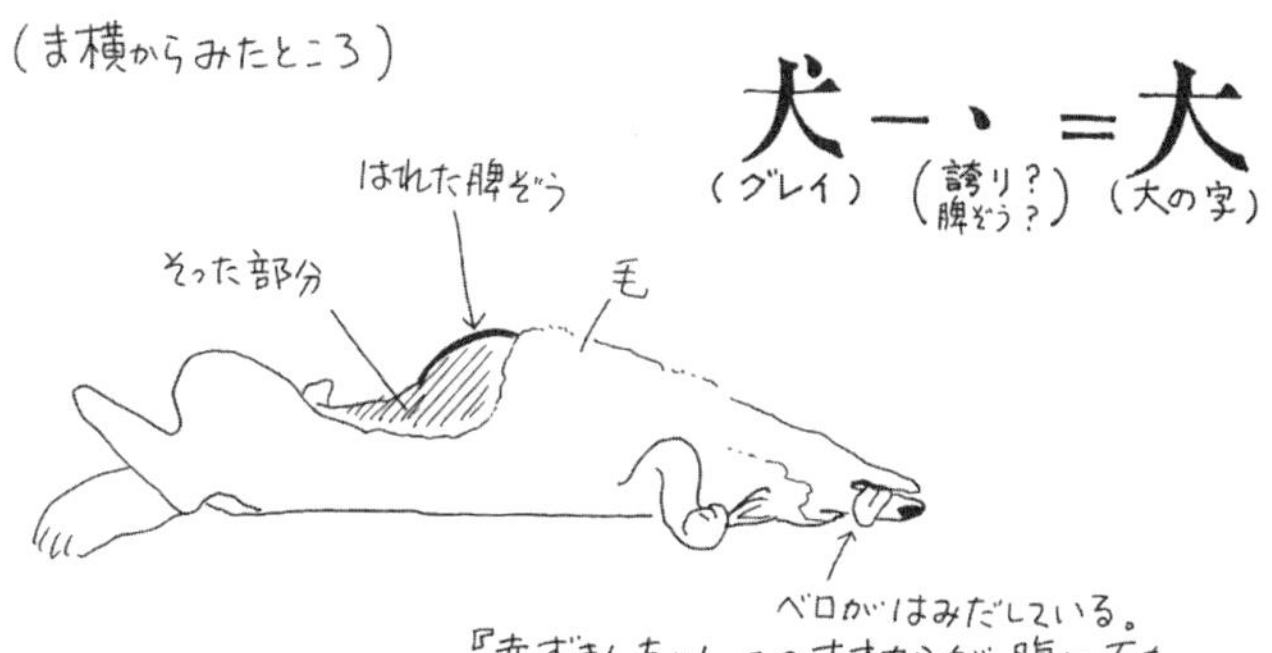

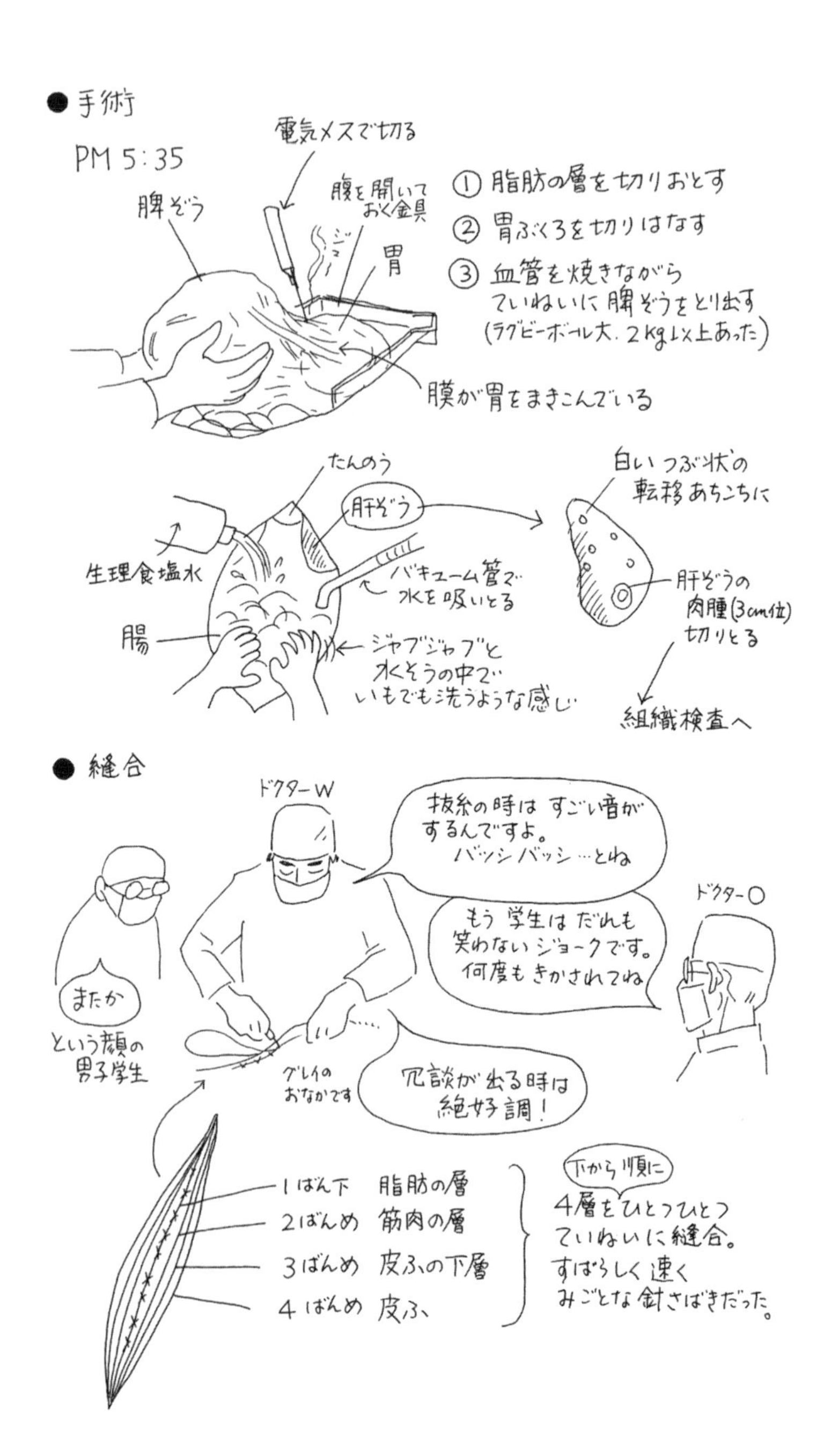
● 手術
PM 5:35
電気メスで切る
腹を開いておく金具
脾ぞう
胃
① 脂肪の層を切りおとす
② 胃ぶくろを切りはなす
③ 血管を焼きながら
ていねいに脾ぞうをとり出す
(ラグビーボール大.2kg以上あった)
膜が胃をまきこんでいる
たんのう
肝ぞう
白いつぶ状の
転移あちこちに
生理食塩水
バキューム管で
水を吸いとる
肝ぞうの
肉腫(3cm位)
切りとる
腸
ジャブジャブと
水そうの中で
いもでも洗うような感じ
組織検査へ
● 縫合
ドクターW
抜糸の時は すごい音がするんですよ。
バッシバッシ…とね
もう学生は だれも
笑わない ジョークです。
何度もきかされてね
ドクターO
またか
という顔の
男子学生
グレイの
おなかです
冗談が出る時は
絶好調!
1ばん下 脂肪の層
2ばんめ 筋肉の層
3ばんめ 皮ふの下層
4ばんめ 皮ふ
下から順に
4層をひとつひとつ
ていねいに縫合。
すばらしく速く
みごとな針さばきだった。

甦るグレイ

麻酔がさめて数分後、グレイはむくっと立ち上がると、すべる床面をものともせず、すごい勢いで歩き出した。そして手術室から入院室までの複雑な通路を迷いもせず歩いて行き、自分からさっさとオリの中に入ってしまった。そして、オリの中で横たわって、しんねりとうらめしい目付きをして私たちをみた。「オレの知らないまにオレの体に何をした？」という目だった。

再びモニター室に呼ばれ、私たち家族は手術のビデオをみせられた。手術の映像は学生たちの授業に使うようだった。私たちの周囲にいつのまにかさっき立ち合っていた二十歳前後の若い男の子や女の子たちが来ていていっしょうけんめい画面をみていた。ドクターWが説明してくれた。

○血管腫ではなく悪性の肉腫であった。組織検査でいずれ病名がわかる。
○脾臓をとったので楽になったはず。
○肝臓の転移は全体に無数にあって取ることはできない。やがて肝臓も肥大してきて全身が弱ってくる。おそらく二、三ヶ月だろう。
○手術自体は大成功だった。予後の注意は、感染症にならないよう清潔にすること。明日退院してよい。

● よみがえるグレイ

PM 6:46　麻酔からさめて、すぐ目がピクピクしはじめる。

白目
グレイは自ら麻酔の管をはき出した
スポッ!!
いろいろな配線
たいへんだ この子は覚醒が早いぞ!! 早く装置をはずせ!
ドクターO が目をもみもみしているうちに 黒目がじわ〜っと上ってきた —— と思うまもなく グレイはもう起きようとして もがく。
はずす手、手、手
急いでおろせ!
急いで台をさげろ!
手術台をさげる

PM 6:54
床の上で起きようとしてあばれる
ボーゼン……
Mたち
ギャーン
ギェーン
立とうとしてはたおれる。床の上でグルグルはい回る。
覚醒の後の犬は　たいていこういう状態をたどるという。
手術よりずっとこわい
ドキドキ
ドキドキ
ドキドキ
数分後、むくっと立ちあがると——
すごい勢いで歩き出し
つるつる
つる
つる
さっさと自分から オリに入ってしまった。
オレの知らないまにオレの体に何をした？

ドクターWは背が高く、健康な体型と顔色をしていて笑うとまっ白な歯が印象的だった。鳥越俊太郎によく似ていてやっぱり目がやさしい色をしていた（後に知ったことだが、奥さんもこの病院の獣医さんで、ペットロスの相談のインターネットを開設していた）。

お腹を三〇センチ近く切っても縫合してしまうとあまり痛くないらしい。痛点をさけて開腹するのだ、というようなことを言っていた。ともかくラグビーボール大の脾臓がグレイを苦しめていたことがよくわかったが、グレイの回復力にはおどろかされる。何度でも甦れ！　グレイよ。

退院

オリの部屋に行くと、もう立っているグレイがいた。ぼーっとしてほとんど表情がない。弱々しいけど悟ったような静かな目だった。

「狂暴だった昨日とうって変わって今日はすごくおとなしいですね」

と、ドクター。待ち合い室でいっしょにおすわりして礼儀正しく今後の話をきく。

「抜糸は十日後くらい、受付で予約していってください。組織検査の結果は二週間後くらいに連絡いたします」

注意事項として、患部を清潔に、銀バエのうじなどがわかないように注意。

抗生物質と消毒液とばんそうこうをもらって帰る。

外に出たとたん、グレイはトットットとすごい力で歩き出し、私はあやうくひきづなを離しそうになった。病院敷地内の植込みでジャージャーと大量のおしっこをし（ちゃんと片脚をあげて！）、次の植込みでうんうんといって硬いすばらしいうんこをした。土の匂いか外の空気か軽くなったお腹か。ともかくグレイは健康な世界に戻ってきた。

家に帰ってもぼーっとしていたが、牛肉を大根といっしょにゆでてやると、あっというまにたいらげた。

つめ

紙おむつを買いに走り回るのが日課になった。グレイはもう排泄のコントロールができなくなり、私は涙のコントロールができなくなっていた。シート形の紙おむつをアトリエ中にしきつめて、パッチワークのじゅうたんの上で私は絵を描いている。ぬれた部分だけとりかえればよい、と思ったのだが甘かった。グレイはわざわざシートのすきまめがけておしっこをするのだ。紙おむつの消費量は一日三〇枚くらい。パンパース大人用のLを買っていたが、一日一パック（二〇枚）ですまなくなった。薬局、スーパー、ペットショップ、近所中を自転車で走った結果、タントムのペットシートL判が、大きくて安かった。

お腹が軽くなって散歩が楽になった様子。感染症の雑菌がこわいからしばらくの間草土のない所を歩く。傷口の肌色のばんそうこう（ガムテープみたいに幅広で三〇センチもの長さ）がめだつ。公園でも道路でも「この犬どうしたんですか」ときかれて、うるさい!!

カシカシ、シャカシャカ、コンクリートの道を歩く音が変わった。五月にたおれてから一ヶ月、ほとんどねてばかりの生活だったのですごくつめがのびていた。

「散歩のさせすぎです。運動のしすぎです。つめがすりきれています」

と獣医さんにおこられた遠い時代を思い出す。

八月

夜空の向こう

グレイをひとりおいて留守できなくなった。買いものも仕事のうちあわせも子供たちの帰宅をまって交代で外出する。これだけはもちたくないと思っていた携帯電話も買った。

父の一周忌が近づいたので母の所へうちあわせに行った。私の家は東京杉並区の西の端、母の家は葛飾区の東の端、電車で片道一時間半。久しぶりに向かう実家——昨年の今ごろは、在宅闘病の父を訪ねて週末になるとこの道を通っていた。一週間ごとに父はやせていた。それでも絵筆をにぎっていた。調子の悪い日は銀色の長髪を枕に波うたせてみえないスケッチ帖に夢を描いていた。元気だったころ、孫のおもりは苦手だと言ってたが、Mたちはなついていた。「おじいちゃん」とはよばず「銀色の風の絵描きさん」とよんでいた。そしてグレイは特別に近しい感情を抱いてなついていた。同族の匂いを感じていたのかもしれない。

「かわいがるのと甘やかすのはちがうんだぞ」

初めて会った時そう言っていた風の匂いのするその人は、最後に会った時は枯れ草のようにたよりなげにみえたこと、グレイは覚えているだろうか。

あの日、やせた絵描きは太った犬の首にうでをまわすと、毛をかきむしるようにしてなでたっけ。そして鼻と鼻をくっつけてこう言った。

「元気でいいな、おまえは。立派な犬になったな。かわいがってもらっているか?」

それがグレイがきいた父の最後のことばだった。その一ヶ月後、父はほんとうの風になって空へ駆けていった——あれから一年たった。

グレイも風になってしまうのだろうか。電車の窓のむこうに父の笑顔とやせたグレイの顔が重なる。

深夜、終電で帰ったら大Mがグレイと並んで玄関にすわっていた。

「グレイね、夜になってからずーっとこの姿勢で空をみあげていたんだよ。だから私もいっしょにいたの。星なんて出てないよ、と言ったんだけど、だまーって空みつづけていたよ。こんなグレイはじめてみた……じゃおやすみ」

大Mはグレイの頭をひとなでですると、そっと家の中に入っていった。

今まで大Mのいた場所に私は座って、しずかな犬の首にうでをまわした。

「何みてるの?」

返事のかわりにふりむいた犬の二つの黒い瞳は、私を通りこして遠い遠い所に注がれていた。現実の生活でばたばたしている人間にはけしてみえないものをみている目だった。

ブルー

朝からムシムシする日だった。画集のうちあわせで新潮社のGさんが来た。まだ女子大生みたいにすがすがしい笑顔で「おお、おまえがブルーかい」と言って入ってきた。そして、

「暑いよね、毛皮のコート着てるんだもの。ジッパーはずしてぬぎなさい」

などと言っている。〈ホント、今のグレイはおなかに三〇センチものジッパーがついている。あしたの抜糸の時、ぬがしてあげよう〉

「うちの犬はブルテリアで、わたなべくんていうんです」

それから二人で仕事の話そっちのけでブルー（？）とわたなべくんの話に熱中、取りにきたはずの原画や校正ゲラ、みんな忘れて帰っていった。――でも、Gさんのおかげで久々に私は声をあげて笑いころげた。そばでグレイが何回もため息をついていた。

夕方から雑誌の仕事ででかけた。子供達の帰宅がまにあわず、ひきつぎができなかった。外

にひとりおいていかれたグレイ。わずかな時間だったのだがよほど淋しかったのか不安だったのか、夜私が帰るとすごく不機嫌(ブルー)だった。わざとそっぽをむいたり、目をそらしたり、ふてていじけて背中むけたまま眠ってしまった。

　あした抜糸でまた病院に行かなければならないことがわかっているのかもしれない。

抜糸

午前十一時半、家畜の病院に行くとドクターOとWと手術の時の学生たちがぞろぞろそろっていてくれた。ドクターWが、今日は麻酔をかけないでやります、というので私の方がおびえてしまった。

男の学生が青いポリバケツの底のぬけたものを持ってきて、さっとグレイの首にかぶせた。青いアサガオのまん中でタヌキみたいな顔をしてブンブンもがいたが、誰にもかみつくことができないと観念したのか自分の姿がヘンだとは知るはずもないのだがしゅーんとしたカオしておとなしくなってしまった。台の上にのせられたグレイを、さっきの学生が背中から抱くようにして両手をにぎりしめながら言った。

「おかあさん、何か語りかけてやってください」

私はジャーキーをちらつかせながらグレイちゃんグレイちゃんとばかみたいにバケツにむかって話しかけた。すっかり自由を奪われて観念した犬のジッパーがパチンパチンとはずされていった。

この男子学生は小Mが通っている都立T高校出身でさらに小Mが今春まで通っていた中学の数学の先生の息子だった。初対面の学生のそんな身上調査ができるほど長い時間かかって抜糸がおわった。今日は三分の二抜いた。残りは一週間後、その時肝臓のレントゲンもとるという。

笑ってるのか
泣いてるのか
何も考えてないカオの
グレイ
7/5
抜糸の日
ねむい ねむい
やっぱり ねむさには
かなわん

誕生日

今日グレイは五歳になった。

朝、緑地の散歩に行った。いつものようにアジサイの下でおしっこした。葉桜のトンネルをくぐり橋の上から善福寺川をながめた。ベンチのあるヤマブキの繁みの横を通り低いつばきの林を抜け、いつもならそこでUターンする車の道を渡ってみた。今まで全然気がつかなかったが川に沿ってここからはメタセコイアの林があった。三〇メートルはあろうかと思われる巨木のまっすぐな幹がルネ・マグリットのだまし絵みたいに重なりあって遠近がわからない森に迷いこんだようだ。下の方の若い細い枝には生まれたばかりの赤ちゃん葉がちくちくそろって透きとおった緑のてぶくろみたいになってぶらさがっていた。やわらかい葉でろ過された光がグレイに降り注ぐ。

「いいものみつけたね。グレイ、お誕生日おめでとう」

無言の「ね」の目が輝いていた。

だが夜、おむつのじゅうたんの上にポタポタと鮮血がおちて、グレイはピンク色のおしっこをしていた。朝のグレイと夜のグレイ、どっちも愛(いと)しい。

ガン

『原形の判別できない非常に悪性の進行の速いガン』——七月五日、二度目の抜糸とレントゲンをとりに大学病院に行った時に知らされた脾臓の細胞診の結果。肝臓も六月にCTでみた時よりもずっと大きくなっていて、半分は巨大化した肉腫となって、せっかくとった脾臓のあとに収まっていた。

7月7日 雨。本棚に頭をよせて一日中眠っていた。

7月8日 大雨。寒い。ほとんど家の中で眠っている。食欲なし。すごい下痢。

7月9日 大雨。寒い。朝吐く（緑色の液体。薬も吐き出す）。午前中食欲なし。昏昏と眠りつづける。寒いので毛布をかけてやる。夜、小松菜と牛肉少し食べる。

7月10日 雨。講談社のNさん来る。うちあわせの三時間のあいだ、ずーっと私の足もとで伏せて起きていた。人の話をきいている様子。Nさんは四月にご主人をガンで亡くされたばかり。会話の中にたびたびでてくるガンということば、もうグレイは意味がわかっているようだった。朝、豚肉とドッグフード、夜チーズ食べる。久々に夜散歩。

7月11日 二回吐く。軟便おしめにこんもり。

7月12日 酷暑。午前中いっぱい眠っている。元気な時は、台所にいる私の姿をさがして飛びはねる。うちあわせ用の机と棚をはさんで手をふると机のむこう側にグレイの顔がぬーっと現れたり消えたりする。「たまやー」と言ってやる。

7月14日　酷暑。深夜うんこ、血尿まき散らす。アトリエのシート全てとっかえ。

7月15日　午前中ずーっと眠っている。ゆで豚肉食べるが午後ゲボッと全部吐く（形残っている）。夜、血尿。ビスケットとトーフおやつに。夕食は豚肉とキャベツのにたもの。連日の暑さでほほがげっそりこけている。キャインキャインと甘え鳴き。

7月16日　理論社のHさん来る。グレイ外までおでむかえ。それまで死んだふりしていたのにHさんのカオをみると急に元気になって、ずーっとそばで食べものねだったり、ごろごろしていた。Hさんは『グレイがまってるから』『気分はおすわりの日』の担当者。わかるのかな。あまり暑いので庭に出してホースの水をかけてやる。されるがままにつっ立っていた。気持ちいいらしい。

7月17日　今日もホースで水あび。やっぱりつったったまま気持ちよさそうにしていた。

7月18日　父の墓のそうじに行く。Mたちがグレイのケア。霊苑のある八王子三十六・七度の猛暑。朝吐く。昨日のものそっくり形のまま出てきた（人参、大根、肉）。昼、パン、チーズ、トーフ、牛肉、ジャーキーなどよく食べた。いいうんち。夜、てんかんの軽い発作。PM10：30　玄関で突然水を大量に吐いてたおれる。舌が横にはみでたまま動かなくなる。大学病院にTELするが明朝でなければみてもらえない。二十四時間体制のヒラミ先生に電話。フェノバール一錠、セルシン一錠のませること。再発おきたら注射しに来る、とのこと。AM3：20　フェノバール二錠のます。苦しそうな短い息。なんとか眠ってくれそう。

7月19日　（手術から一ヶ月め）朝、再度TELし日獣の大学病院へ。待ち合い室の床がすべって歩くことも立つこともできない。座ってもバランスがとれず、やっと座っている。ドクターOをみると立って近づく。覚えているのだ、やさしい先生を。触診して「お腹の中がぱんぱんに張っている。三ヶ所くらい肉腫のかたまりが育っている。胃も腸も働けないので吐く、下痢をする。……もうこれ以上のことはできない」。グレイの目の高さまでおりて床にかがんで話すドクターの姿に涙出る。てんかん発作の時の緊急用注射を作ってくれる（冷蔵庫に保管のこと）。胃ぐすり、肝臓のくすり、フェノバール錠剤出してくれるが対症療法とのこと。次の予約は？

「もうどうしようもありません。何かあったらそのつど対処しますから連絡してください」

グレイを楽にしてやる日は近いかもしれない。

時

「今日が最後かもと思って一日一日を大切にグレイと接していこう」

と、子供たちに伝える。

「合宿や夏休みの旅行は予定通り行ってもいいけど、そのあいだに何か起こっても、もうそういう時期だったんだとあきらめてほしい。かわいそうだから、延命治療してあなた方の帰りまで待つなんてことはしないから」

　グレイ、食べることは食べるのだが必ず吐く。お腹が苦しいから座る時も眠る時も大股広げている。本棚やオルガンなどの手のとどく所にのびあがってお腹が楽になる方法を自分でさがしている。かわいそうでみていられない。けどいつどうやって楽にしてあげたらいいのかを考えるのがこわい。

　人間大好き犬だから、グレイは人が来ると起きてきて仲間に入りたがる。最近ではお散歩の時でさえ下がったままのしっぽなのに、フェンスやチャイムの音が鳴るとパタパタ動く。何の疑いもなく生きること、たのしいことに忠実に生きているグレイのどの瞬間を切り取って、もっと楽になるよ、と誰が決められる?

　七月二十七日、父の一周忌、墓参りと実家での法事があるので、二十六日の夜からグレイをヒラミ先生の所にお願いする。

おとなしく女医さんにつれられて入院室に入っていった。
自分の身の行先を承知しているのか、もう私の方をふりむかなかった。

グレイ点描Ⅲ

7/28 父の一周忌がおわり、グレイを迎えにいく。
PM 4:30 病室から出てきたグレイ、私に気づかないで
ぼーっと、玄関の匂いをかいでいた。

2日ぶりで会うグレイは
どこからみても病気の犬だった。
毛がバサバサになっていた。

PM 5:00 帰宅
2〜3時間、家の中になじめない
様子だったが、今日はめずらしく
ずーっとクーラーのへやでねていた。

夜中、うんこの匂い
がしたのでみると
ちゃんとまるめて
しまってあった。

クーラーで冷えぬよう、毛布をかける。

ふるやのもり

むかしむかし雨のふる夜のこと。ぼろ家の中でじいさまとばあさまがぼそぼそと話していた。「じいさまよ。この世の中でいちばんおっかないものは何じゃ」「そりゃ、どろぼうだよ」ちょうどその時、馬をぬすみにどろぼうがやってきて屋根裏にかくれていた。「おれがいちばんおっかないか。おれはすごいんだな」天井の上でどろぼうはほくそえんだ。「じゃあじいさま、どうぶつでは何がいちばんおっかない？」「そりゃおおかみにきまってるさ」そのときおおかみも馬をねらってこっそり馬屋にかくれていた。今の話をきいておおかみも「おれがいちばんおっかないか。オレはえらいんだ」とよろこんだ。「だがのう、じいさまや、わたしはふるやのもりがなによりおっかないわ」「おおそうじゃった。どろぼうよりもおおかみよりもおっかないわ。ふるやのもりこそいちばんじゃ。特にこんな雨の晩はきっとくる」――それをきいたどろぼうとおおかみ、びっくりしてぶるぶるふるえはじめた。ふるやのもりというのは家が古くなって雨もりすることだ。あんまりふるえたどろぼう手をすべらせて屋根裏からどすんとおおかみの上におちてしまう。ふるやのもりがふってきたと思ったおおかみ、「うひゃあ、ほんとうにきたあ」せなかのもりをふりおとそうとどろぼうをのせたまま狂ったように走り出した。どろぼうはどろぼうで「なんてこった、おれは、ふるやのもりの上におちてしまったぞ。たすけてくれー」

家には、ほんもののふるやのもりが住んでいた。

ある日台所で、フライパンをかきまぜていた私の上にポツンと冷たいものがおちた。ガス台の熱気による水蒸気がたまっておちたのかなと思った。ポツンポツンそのあと二、三滴フライパンの中にもおちた。またある日、台所に入ったら床に水たまりができていた。誰かこぼしてふかなかったな、そう思っただけでさっとぞうきんでふいた。後日、台所で洗いものをしていたら、ボトボト、バラバラバラッと大つぶの雨が屋根を打つ音がした。変なの、今日は天気がいいのに……それにしてもここは一階、屋根うつ雨の音がするわけがない。天井をみあげた私はキャッと悲鳴をあげた。台所の天井がまだらの絵地図を広げていた。茶色に変色した水のしみ……この上は風呂場だ。風呂もれ？　実に不思議なことだったが、風呂の水を抜いた日とかジャージャーシャワーのたびにもれたわけではないので全然気がつかないでいた。これはただごとではない、と気づいたのは、台所の電球がバチッとショートして消えた瞬間、天井のコードの根元からポタポタポタポタ――と水がおちてきた時だった。もれてる。風呂の使用と無関係に風呂場と台所の天井の間にふるやのもりが棲んでいる!!　グレイのそばにいることが多かったので、台所の天井なんてゆっくりみていなかったが。天井の茶色い絵地図はグレイの状態の悪化と伴走するように、日に日に拡大し濃度を増していった。不動産屋に連絡する。大家はアメリカにいるから連絡しようがない。ところが、不動産管理部の人がきても、工務店の人がきても、その時に限ってふるやのもりはまるでからかうように影をひそめる。やがて天井だけではなく、よくみると、台所のカベに涙のような跡が無数についていて、日によっては筋にそって水滴がじとーっと光っているのだ。

屋根裏べやで五月に鼻歌をうたっていた小M、最近ではCDでロックやニューポップをガンガンかけていた。夏休みになりいっそう一階のアトリエまでズンズンガンガンと振動音が降り注ぐようになった。たまらないのは二階の大Mだ。音の真下で眠ることもできない。そうでなくても終日病気の犬のことしか頭にないおかあさん、犬のえさは作っても人間のえさどころでない日が二ヶ月以上もつづいていた。おまけに犬のケアでおくれにおくれた原稿の締め切りにおわれ朝起こしてもくれない。お弁当も作ってくれない。二階のダンボールの山はいっこうにへらない。片づけてくれるどころか、一階のグレイのスペースを広げたため、アトリエにあった作品や函（はこ）までが大Mの領域にどんどん侵入してきたのだ。さらに連日つづく猛暑、病気の犬への心配もこうじて、大Mの神経はヒリヒリしていった。実際、在宅ケアが美しい家族愛の物語で満ちているわけではないことは、一年前の父の体験から知っている。死にゆく者を家でみとる時、家族は意識せぬところでみんな何かを捨てている。みえない形で。高校生になったとはいえ、二人のMたちだってまだまだ甘えたい子どもだった。ベタベタと、という意味ではなく。話をきいてほしいとか、保護者会に出てほしいとか、夏休み旅行に行きたいとか……。

しかし今や自分たちが自由なことや遊ぶことが罪に感じられるほどグレイは弱りきり母親は

犬にかかりっきりだった。子どもたちに無関心だった。グレイが死ぬかもしれないという恐怖がさらにやり場のないイラだちとなって全身を被う。二人は爆発する。屋根裏から降る轟音。二階にひそむ反抗期。そして一階では、自分がいちばん大事にされて当然と思っているオオカミ（グレイ）、もうだれが「ふるやのもり」かわからなくなっていた。――グレイには限りなくやさしくできても、死への恐怖は「誰かになぐさめてほしい」飢えに変わり、グレイに助かってほしい願望は「だれにもそれはできない」ことへの怒りに変わり、三人は一触即発の状態になっていた。信じられないことだった。とりなしてくれる存在が、まとめてくれる存在がいない。今までどうしてたっけ、こんな時誰かがいつも荒れ狂う怒りをしずめ、不安を吸いとってくれてたではないか……グレイ。グレイ、それはグレイだったのだ。なんてことだ。みんなみんなみんな、グレイに甘えグレイにぶちまけ、グレイにたよりきって生きていたのだ。グレイののん気が、グレイの「ね」の目が、グレイのおとぼけが、グレイの毛皮が、そしてグレイが教えてくれた空の高さが、雲の変化が、グレイのアレルギーが学ばせてくれたやさしさやいたわりが、涙や笑いが、グレイが紹介してくれたブロックべいの穴やジャックや訓練士のSさんが、グレイが忘れさせてくれた争う心や人を傷つけることばが、グレイが感じさせてくれた安心感や平和な朝の光が夜のやすらぎが、そしてグレイとともに歩んだ道が時が春夏秋冬、月火水木金土日曜日が、グレイといっしょにみつけた草地が、梅林公園のタイヤや夜の集会が、風の匂い、土の匂いが――。それらがあったから、グレイがみんな与えてくれたから、みんな共有してくれたから、私たちは生きてこられたのだ。みんなみんなグレイに甘えきって生きていたのだ。今この家の〝ふるやのもり状態〟は、まさにグレイという支えを失った三つの貧しい心のよりあい所帯だった。

不動産屋がよこした工務店がそのつど、バスタブのヒビワレをさがしたり、シャワーカーテンを設置したり、風呂場と脱衣所の間をパテで塗装したり、排水孔のそうじをしたりしていくのだが、状況は変わらなかった。

対症療法をしてもこわれていくふるや（古家）……そして、八月に入りグレイと台所の水もれは手のほどこしようがなくなっていった。

7月のスケッチ帖

仕事

どんなに悲しくても、あいかわらず人の世では、延期もキャンセルも代理もきかない（絵の仕事は私以外の誰にもたのめない）用がつづいていた。

子供たちが夏休みに入った、と思ったら、大Mが友人と北海道へ行くという。えっこんな時にと思ったが、私に仕事があるように大Mには大Mの世界があることだし、ふるやのもり状態のストレスを考えて、行かせた。

足もとの犬の呼吸を時折たしかめながら描いていると、子供たちが小さかった頃を思い出す。ひとりをゆり椅子にねかせて足でこぎながら、もう少し大きい方には失敗した紙を次々と与えて、机の下でぬり絵やお絵かきをさせながら、私は机の動かぬ人をやっていた。

こま切れの時間をよせあつめて机に向かっているうちに『はちみつ』の原画、半分以上描きあがる。みつばちの巣は小さな小さな六角形が集まって成りたっている。私の一枚一枚は、グレイの眠りと小康と祈りで出来あがっていく。

七月三十日、雑誌のイラスト審査で白泉社へ。イラストを応募してくる人は、好きだからただひたすら描いてくる人、どうしても絵の仕事がほしくて応募する人、自分の世界を捜して毎回異なる描き方をしてくる人、さまざま。一枚ものもあれば十枚連作もあり、あらゆる技法、画材、テーマ、表現が審査会場に並ぶ。カレー粉やしょうゆで描いてくる人がいたりすると、一同鼻をよせあってくんくん、突然全員犬になる。

私は今まで作品世界の心地よさや構成力、語りかける力などを基準に見てきた。ところが、構成力以前のこと、なぜ描くのか、なぜわざわざこの色を選んだのか、どうしてこんな悲しい青を塗るのか、一作一作の前でひっかかる自分の視点の変化にはっとする。少し前ならとっくに素通りしていたような絵の前で、この人こんな絵を応募してきたけど、本人でさえ気がつかない何かが塗りこめられているのではないか、気がつくと、その人の筆の迷いの向こうのレゾンデートル（存在理由）のようなものまで考えはじめている。会ったこともない人たちの色や形にたくされたつぶやきや叫びが絵から起きあがってきて私をみすえている。

ことばをもたない犬と対話しているうちに、私の中で何かが変わってしまったらしい。選評ができない！　内心汗だくになって選考作業するが、ひとつも切ることができない。描いていること、描きつづけてこられたことに、大きな賛辞を送りたい、あなたに絵を描かせるあらゆる理由とエネルギーをほめてあげたい――。

くたくたになって帰宅すると、もっと疲れきったふたつのカオが待っていた。午後いっぱい小Mはひとりきりでグレイをみていた。グレイ、なんにも食べてくれない、と泣きそうだった。夜、ごはんも食べられないくらいぐったりしていたのは、グレイではなく、小Mの方だった。

七月三十一日、丸善で宮沢賢治絵本原画展のサイン会。私は『水仙月の四日』を出品。その

あと新潮社の人と画集のうちあわせをしていたら、携帯電話が鳴った。〈まさかグレイが……〉ドキドキして耳をあてると、

「グレイがトーフ食べて茶のんだー。ワアーイ!!」

と、今日もひとりでグレイをみていた小Mの歓喜の絶叫がきこえた。

いつもはケイベツしていたケイタイだったが、今日は小さな幸福の箱にみえた。

八月一日、『はちみつ』の原画あと四枚……今日も必死に机にむかう。締め切りはとっくに過ぎている。編集者のHさん、印刷所とかけあって日程を調整したこと、さいそくしたい心をおさえて酒のんでます、電話で邪魔しないようにしてます、とFAXが入る。感謝。「もう死んだ?」と平気でかけてくる人もいるご時世、Hさんのやさしさが心にしみこむ。

グレイは時々アトリエに入ってきて、私がちゃんと仕事しているかどうか監視した。ゴルドベルク変奏曲をBGMに、ひとりはもくもくと絵筆を動かし一匹は無心にチューインガムをかじり——穏やかな夏の夜が更けていく。

八月二日、実家に、父のアトリエのかたづけにでかける。一周忌が終わったらアトリエを少し整理する約束だった。父の生前そのままのアトリエがある二階に、母は一年間あがれないでいた。絵描きの私に判断してほしいという。もう永久に描かれることもないままの白いキャンバスがおしいれの中で沈黙していた。たくさんの資料の切り抜きや写真、父のカメラ、絵具や絵筆、手紙類、捨てるもの捨てられないものが、母には判断できなかった。

夜八時半帰宅。今日も一日何も食べず水ものまなかった、寝てばかりだったよと、小M。牛肉のゆがいたもの少々、ササミ二、三口、私がかみくだいてからくすりといっしょにのみこませる。

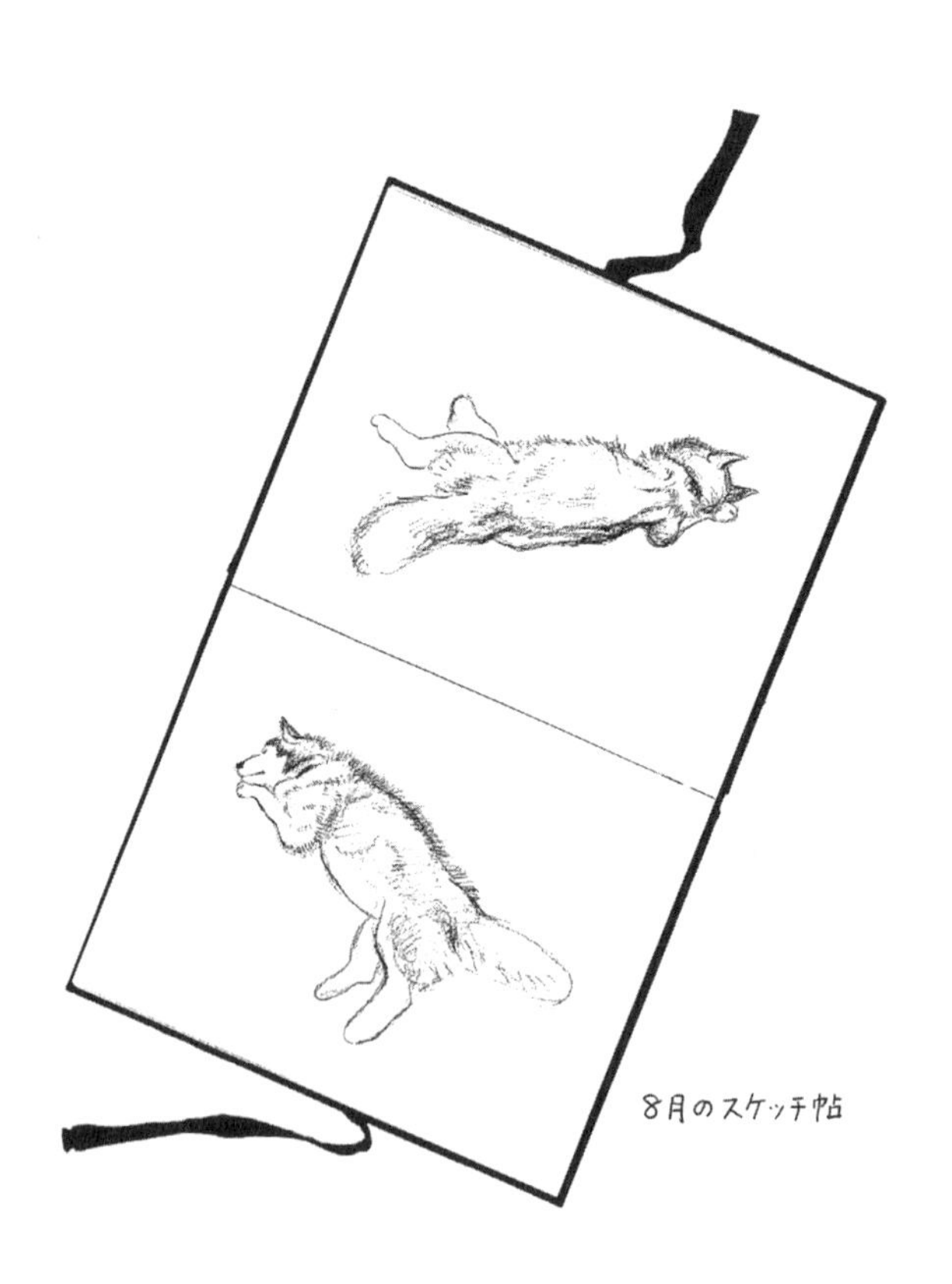

8月のスケッチ帖

八月

地球全体がオーバーヒートしていた。
空がすっかりこわれたか、よっぽどいじわるになったのか。
にくたらしいほどの西日が連日玄関を直撃する。
犬の野性がクーラーをいやがって
終日玄関の内と外にまたがって伏せている犬は
まるで生と死の間に棲んでいるようにみえる。それなのに
まっ黒なふたつの目は、穏やかに澄んでいて、涼しげでさえある。
私はぴったりくっついて横にすわっているのだけど
ふたりの間には大きな大きな川があるようだ。
おかあさん、どこかの星の小さな王子さまみたいに
四十三回も夕陽をみなくたっていいんだよ。
お日さまは、一日に一回沈むから入り日っていうんだよ。
宇宙の構成の中ではきっと、はじめから
しくまれてたことなんだよ。

宇宙のかけらや細胞はこわれては新しく生まれ出てきて
世界のつじつまは合うようにできているんだよ。
しずかな黒い目が語りつづける。
遠い北の果ての森の奥で、今日ひとりの男が
クマに食われたよ。
男は、自分が本を読んでくらしているその時に
どこかの森でひっそりと同じ冬を過ごしているクマがいることを
思い描くだけで幸せになれるって、言ってたよ。
だからおかあさん、ぼくの毛皮を永久保存しようなんて
へんなこと考えちゃだめだよ。
毎日グレイの背中をなでるふりして
毛を抜いていた私——グレイの中に大きな大きな宇宙がある。
アトリエのクーラーを消し、グレイをへやに入れる。
四つの耳でゴルドベルクを聴く。
八月八日、星野道夫が極北の宇宙に吸い込まれていったその日を境に
グレイ立てなくなる。
それから毎日私たちは玄関の〈どこでもない所〉にすわって

一日一回の夕陽をいっしょにみた。

犬見

台風が近づいている。風がむかしの匂いを運んでくる。
背中の銀の麦畑が波うって、グレイいい顔している。
玄関に腰かけて、大M、小Mと三人風に吹かれて犬見をする。
グレイもねころがって人見をしている。
突然てんかんの発作をおこした三年前の春から、
何度こうして、伏せたおまえと向きあってきただろう。
発作がおきてもおきなくても、いつも
午前十一時になると訓練士のSさんがやってきた。
あれは初めての発作の翌日だった。
Sさんの姿をみると反射的にグレイは走り寄り、
Sさんのひざの上にぽてっと手をおいた。
Sさんはやさしいから
「グレイ、今日の訓練はやめておこうな」

と言った。
ダンベルをやらなくてすむことがうれしかったのか
ジャーキーにありつけないことが不満だったのか
のろのろと玄関にもどると、グレイはごろりと横になった。
そしてしんねりと目をつむるとその顔を
わざわざSさんに向けていた。
「ホラホラ、ぼく苦しいの」
Sさんが帰ると、グレイはチューインガムをもってきて
ポイと庭に放り投げ、とっておいでと私に言った。
グレイは役者だった。
演技ができるということは、自分で考えることができるということだ。
今、目の前の犬は病気のふりをしている。
ふるやを舞台に、死にそうな役を演じながら
観客の拍手かっさいを待っている。
「グレイ、すばらしい。迫真の演技だよ。主演賞でも牛肉でもあげよう。
だから、もう起きて。お散歩に行こうよ、おかあさんと……もう一度」
力のない私の声は風にかきけされ

病気の犬は、やっぱり浅い呼吸で腹をかばいながら
カエルのように下肢を開いてへばっていた。
鼻も口の周辺も乾ききってひびわれた岩土のよう。
そっと水で湿らせてやる。

だれが、いつ、エピローグの脚本を書くのか。

スケッチ

八月十七日の夜中、玄関のグレイはあごだけ床板の上にのせてじーっと、こちらを見ていた。電気を消してあるから、まっ暗な中にぼーっと、ハスキーの帽子をかぶった白いカオが浮かびあがっている。

「おかあちゃん、まだ起きてるの?」

黒いふたつの目は、はっとするほど深い夜の色。合わせるとすいこまれそうだったけど、私も床にねそべって、目と目でお話する。

「よくがんばったね。泣きごとひとつ言わないでおまえ、強いね」

かすかにしっぽのぱさぱさがきこえる。

「おかあちゃん、ぼくの絵かいて」

私はだまって床にねそべると、暗闇の中でスケッチした。

耳、おぼうし、目……グレイのりんかくをなぞる。

なぞってもなぞっても追いつかないところまで来てしまった。

それなのに、えんぴつを止めることができない。えんぴつをおいたら泣いてしまう。おまえと対等でいられなくなってしまう。

サラサラと、えんぴつの音が子守歌になったのか、グレイは寝息をたてはじめた。午前三時三〇分。

グレイよ、私はけして目をそらすまい。しっかりとおまえの死をみとどけようと思う。おまえは死ぬまで犬で、私はきっと死ぬまで絵描きなのだ。

グレイ

玄関でスケッチした翌日、グレイは突然起きあがって台所まで来た。どこにそんな力が残っていたのか。グレイは大Mにすりよると、そのまっすぐな黒い目でじーっと大Mをみつめた。それから音もなく食卓のわきにくずれおち、二度と起きあがることはなかった。

階段の昇降も、トイレへもアトリエへも、調理場から食卓へも、グレイをまたぐか体すれすれに歩かないと、みんなどこへも行けないまさに家族の動線の交叉点――そこが、グレイが選んだ最後の場所だった。

アトリエでも玄関でもなく、台所のどまん中――子供たちの声、TVの音、食器の音、流しの音、そうじ機の音、そして食べものの匂いゴミの匂い、家中の風の通り道のまん中で、みんなの動きをじっと体中できいていていたかったのだろう。

刻々と変化していく犬の体に悲しみがあふれながらも、私は感動していた。死ぬまでグレイでありつづけようとする一匹の犬の自我の本能のみごとさに、圧倒されていた。

グレイは眠りつづけながら時々ムクリと顔だけ起こして、何かをたしかめるように周囲をみまわした。家族は次の「ムクリ」を待って眠ることを忘れていった。

夜も朝もとっくに境を失って、日付もわからなくなっていた。にぎりしめた脚から水がしみ出しお腹の皮ふに血液の凝固の点々がみえはじめた何日かめの夜中、友人の薬剤師に電話して、手もとの薬の量を言う。フェノバール五錠、ハルシオン六錠――それだけでは深い眠りに入るだろうが、覚醒するかもしれない、と言われる。ヒラミ医院に電話し、「明日の注射」をお願いする。

透きとおる羽毛のような巻雲が
　どこかに向かって急いでいた

部活を放り出して小M帰ってくる。獣医さんくる。注射――
小Mの腕の中でグレイ、全ての動きを停止。
一九九六年　八月二十一日　午後五時二分。

グレイ、草原を駆ける風になって

1996.8.22

時を超えて

空のてんらん会

空は無限のキャンバスだった。一瞬たりとも同じ絵を描くことのないその創造力に、毎日圧倒されつづけ、その日その日の心もようを重ねた雲のスケッチ帖が、本棚にまるでカルテのように並んでいった。今その雲たちが、スケッチ帖からあふれ出し、記憶からほり起こされ、描かれたがっていた。

キャンバスに、ベニヤ板に、和紙に、アクリル絵具で、パステルで、巻雲や彩雲や積雲、畝の雲や霧の雲、幻日（暈（カサ）の雲）を食べつづける日々。やがて雲は生まれかわる。私というフィルターを通して。

いたずらなくも。ちぎれるくも。泣いているくも。蒼ざめるくも。おしゃべりなくもたち。明日を約束してくれたくも。歌うくも――

あの日の雲たちは一冊の絵本になった。「あの日の雲たち」は、描く人と見る人で、同じ物語であるはずがないところが、絵本制作上のいちばんむずかしいことだった。だがそれを越えて、物語と物語が重なって世界がふくらんでいくことを信じた。この数年間、雲見の絵描きに「雲だけの本を作ろう」と、つかずはなれず講談社のKさんが励ましつづけてくれた。一九九八年一月、絵本『雲のてんらん会』出版。

一冊の絵本は新たなる創作を生む。子供が読む絵本だから、一応ストーリーを作り雲の出番の順番を決めた。絵本が画集とちがう決定的なところだ。気圧やその日の気分で毎日かき変えられる空の地図だから、脈絡なく並べた方が、ほんとうは自然なのだ。

私は、これまでにもたくさんの空を描いてきた。『よだかの星』、『水仙月の四日』、『風の又三郎』、私の大好きな賢治の空。装幀や新聞連載のさし絵の中で描いた数々の雲や雪。エッセイにかいた五歳の時代にのぞきこんだ水の中の底なしの空と雲。それらをみんなあつめて、展覧会をやろう。描きたかったけど、描かなかったくもやそらがまだ山ほどあった。一〇〇号のキャンバスを二枚注文する。

もしも楽器がなかったら
いいかおまえはおれの弟子なのだ
ちからのかぎり
そらいっぱいの
光でできたパイプオルガンを弾くがいい
宮沢賢治『告別』

くじけそうになると、この詩を読んだ。
私には楽器(チェロ)もある。
たくさんの空もある。
窓のむこうに自画像を描く。

一九九八年「空のてんらん会」、赤坂と横浜の山の上のギャラリーにて開催。

タブロー「告別」1997 年

一〇〇〇人のチェロ・コンサート

〈神戸——プロローグ〉

一九九五年一月十七日、大地震のニュースは日本中をゆさぶった。街のあちこちから煙が噴出しているのに、広がる火災をくいとめることのできないTVの映像に、早朝からくぎづけになった。それから連日連夜TVはどれほど残酷に神戸の街と人々の様子を映し出しただろう。だが、報道は、目に見える形しか伝えない。いち早く被災地入りしたカメラマンや作家やボランティアの人たちがやがて事実の見えない部分を語りはじめる。

ちょうどその頃、私は新聞で毎週土曜日に、終末医療のノンフィクションのさし絵を描いていた。九四年四月から始まった連載の、最終章は目の前にきていた。絵本の絵描きが始めて描くノンフィクションの仕事だった。それも「死がさけられないとわかった時に人はどう生きるか」「愛する人の喪失体験からどう再出発するか」の重いテーマの原稿が、毎週作家から送られてきた。執筆者はノンフィクション作家のY氏。

そして私自身がまるで、その連載中の物語の家族のような状態の中にいた。余命四ヶ月の告知を受けた父の残された日々のあり方で母と妹と模索のまっただ中だった。しかし新聞連載で原稿に追われているはずの作家は震災直後から二月にかけて何度も、連載担当の編集局のTさんは二月に入るとすぐ、それぞれが自分の目と足で確かめるために神戸への往復を重ねていた。

私だけが、仕事や家庭の事情で動くに動けないでいた。

三月末、最終回の絵を渡し終えると私はようやく神戸の被災地に立った。

私はノンフィクション作家でもジャーナリストでもない。絵描きだった。震災後の神戸、そこは、絵描きの目など何の役にもたたない所だとわかっていても、私は行かずにいられなかった。

報道のうのみと受け売りで神戸を知ったらやがて簡単に全てを忘れるだろう。何年かして街が復興、観光や産業が再びもどってきた時、亡くなった五〇〇〇余人（当時）やその家族、家や生活を失くした人たちの心のことまでは考えることはなくなるだろう。私がこうして絵を描き父のケアに関わっているその時に、一瞬で地獄に立たされた人たちが同じ時間を過ごしているのだ。

「むかしここで大きな地震があったんだよ」「もうすっかり元にもどったね」そんな会話がなされる頃、外側の人々は大地震がもたらした傷や歴史や再生のカケラさえも想像できないだろう。テーマの輪かくをなぞりながら、絵本の取材でいつも外側を歩いてきて、風化してしまったことをたどり直すことの大変さを私は思い知っている。賢治の童話や詩が書かれた一〇〇年前のイーハトーブは、現代の私たちがどうがんばったって、ほんとうは再現も実感もできないのだ。

一瞬、神戸は陸の孤島と化した。人間や家屋や交通だけではない。昨日まで家族同様だったはずの犬や猫たちはどこへ消えた。プライバシーや健康や思いやりはどこへ行った。

私は初めてスケッチ帖もカメラももたない旅人になった。スイッチオフとともに忘れられるイメージではない、ありのままの風景をこの目にきざみつけるために私は神戸に向かった。

二日間、長田から芦屋にかけて歩いただけで、予想はしていたとはいえその実感は二ヶ月間のTVの報道よりずしりと体にこたえた。二十キロの行程で、私は一匹の犬にもめぐり会わなかった。ひとりの人間としても絵描きとしてもすっかり無力感のかたまりになって帰京する。ひとつだけ不思議に印象的な風景を心にしまいこんで……。

郵便やさんが、仮設や青テント住まいですっかり混乱した移住者をひとりひとり捜しながら徒歩で配達していた。冷たい雨の中歩きまわっているその姿をみたとき、地獄のような廃墟の前でも出なかった涙があふれた。ポストにではなくひとりひとりの手に直(じか)にことばを届けている郵便やさんは、身体のまわりからやわらかい光を発していた。私にはそうみえた。そして、神戸から帰り再び父のケア、仕事、子育て、犬との生活、チェロの練習、それらの関わりの中で、私は何度もあの郵便やさんのいる風景を思い出した。

〈第一楽章――資格〉

阪神・淡路大震災復興支援のチャリティーコンサートであなたもチェロを弾きませんか、と呼びかけのパンフレットが送られてきたのは一九九八年四月のことだった。

チェリスト募集！　の大きな活字の下に〈一〇〇〇人のチェロ・コンサート〉史上最大のチェリストの祭典——とある。

なんだなんだ、どういうことだ。胸がはがねになってチンチンカンカンいっている。「あなたもベルリンフィルのメンバーたちと弾いてみませんか」だって？　「パブロ・カザルス没後三十五周年祈念」だって⁉　文字をひとつひとつとりこぼさないで読むのに、目がドキドキしてのどがつまって一向に内容を把握できない。

もし本当の話なら、資格がなくても、うそをついてでも申し込まなければ‼　それが、まず最初に考えたことだった。演奏曲目をみて、さらに胸がドカドカ、目がらんらん、となった。カザルス編曲カタロニア民謡『鳥の歌』、アルヴォ・ペルトの『フラトレス』。——フラトレス‼　好きなのに、楽譜ももっているのに、まともに弾いたことがない‼　フラジオレットの高音がむずかしすぎるのだ。さあどうやってうそをつこう。

時は、一九九八年十一月二十九日、とある。なんだかしらないが、まにあいそうだ。胸のドカドカバクバクが少しおちついてきて、全体像がみえてきた。

参加資格——①プロ・アマを問わず。をみつけて、さらにおちついたので先を読み進めた。②室内楽・オーケストラの経験者。③年齢・国籍問わず。④隣の人の音が聴ける人。⑤練習に規定回数以上参加できる人。

①ＯＫ、クリア！

②三十年も昔の話だが、高校の室内楽に入っていたからクリア！
③もちろんクリア（ほんとうはいつもはみ出しているのでこれはいちばん問題だったかもしれない。国籍以前に、その頃の私は「イヌ科」に限りなく近い絵描きだったから）。
④まあ大丈夫でしょう。
⑤どんなに忙しくても練習する参加する。する、する!! だからクリア――

よし、うそをつかないですみそうだ。しかし――

いったい誰がこんな奇想天外なことを思いついたんだ？　一〇〇〇人のチェロということは、一〇〇〇台のチェロということだよ。できるはずがない、あり得るはずがない。舞いあがったりがっくりきたり忙しい私。

ひとりで演奏するのをソロという。二人はデュオ。三人ではトリオ。四人いると、クァルテット。五人、クィンテット。六人、セクステット。七人、セプテット、次はオクテット……九人のための曲は非常に少ないけど、ノネット。それ以上は知らない。オーケストラは、管、弦、打、大小さまざまな楽器で成る一〇〇人前後の大家族。もし、その一〇〇人が同じ楽器をもって、いっせいに音を奏でたら……その迫力はたしかに半ぱではない。

バイオリンの早期教育で有名なスズキメソード（才能教育）の子どもたちは、毎年武道館で卒業コンサートをする。小Mもメソードのチェロ科だったから、何回かいっしょに参加したことがある。三〇〇〇人の三歳から大学生までのバイオリンの生徒が一斉に、キラキラ星から始まってメンデルスゾーンやバッハを合わせる。もちろん上級クラスにいくほど、人数は少なくなるのだが、武道館中に響く二〇〇人のチャイコフスキーや三〇〇人のメンデルスゾーンのコンチェルトは目にも耳にも信じがたい光景だ。弓の上げ下げが麦畑の麦の穂みたいに、みんなそろって動き、まるで一台のバイオリン（ソロ）のようにきこえるのを何度かきいてきて、これはバイオリンだからできるのだ、と思っていた。

チェロで？ それも一〇〇〇人？ やっぱりムリな話だよ。チェロは場所をとる。毎年、暮になると何百人規模のベートーヴェンの第九の合唱のことが話題になるが、あれは人間の中に楽器があるから場所をとらない。バイオリンも立って弾けるからなんとかなるのは、武道館で立証済みだ。チェロは人間と同じ大きさの楽器をかかえて弾くのだ。椅子も譜面台も必要とするから、膨大な面積がないと、大合奏はとてもむずかしいだろう。

一九四六年、カザルス七十歳の誕生日、J・バルビローリが五〇人のチェリストの演奏を、亡命中のカザルスにラジオでプレゼントした。また、一二五人のチェリスト全員の直筆サインが書きこまれた演奏会のポスターを、私はプラドのカザルス美術館でみたことがあるが、それらの演奏風景は想像するしかない。広大な庭ででもやったのだろうか。

私にとってチェロだけの大合奏は、実際に聴いたことのある「ベルリンフィルの十二人のチェリストたち」と、スズキメソードの毎年一〇〇人前後のチェロ科の卒業コンサート以外は考えられないことだった。

〈一〇〇〇人のチェロ・コンサート〉のパンフレットは十二ページにもおよび、呼びかけの詳しい説明と経過が印刷されていた。私はコーヒーをいれ、ゆっくりとテーブルについて読むことにした。

私をくぎづけにしたのは、次の文章だった。

『同じチェロという楽器を手にしている一〇〇〇人の音楽家たちが神戸に会し、一斉に音を放つ。その場から音を発することによって、自らを癒し、解放する。そうすることによって、神戸が、全人類をも癒し、解放するのだ――』

なんだか宗教の狂信的なよびかけにもきこえないこともないが、たしかにチェロとかいてある。そして、さらに『ともに人々の平和を願い、音楽の歓びを分かち合う同志として、時空を超え、神戸に集結する――』と。

あり得るはずがない、という思いは、概要を読み進むうちに、実現させたい、ユメではない、という思いに変わっていった。

このパンフレット、もしかしたら、あの神戸の廃墟でみかけた郵便やさんがそっと運んでくれたのかもしれない。

〈第二楽章――参加〉

一〇〇〇人のチェロの練習って、いったいどうやるのだろうと思っていたらおどろくほど綿密に練られた予定表とパート譜が送られてきた。地域別の分奏練習会場と日程、公式練習会場と日程表――初心者は分奏で特訓をうける、そして全員が公式練習には最低四回参加すること、それがコンサート参加の条件だった。東京の公式会場は港区の小学校の体育館だった。

バスや地下鉄を降りた人たちがみんな自分と同じくらいの大きさの函やケースをかかえて歩道に行列をつくりぞろぞろと小学校に吸いこまれていく風景は、実に奇妙なものだった。バイオリンやピアノに比べてチェロ人口はまだまだ少ない。ふだんは地味な低音部をうけもつチェロ弾きたちが列を成して会話もせず(ほとんどが会場で初顔合わせの者ばかりだ)集まってくるのだから、その光景は不気味でさえあった。クーラーなどない真夏の体育館は、実行委員会のスタッフ、ボランティアと演奏者、総勢二〇〇人以上のひといきれでムンムンしていた。汗をぬぐおうとする者もなく真剣に譜面と指揮棒をみつめる老若男女、子どもたち、みんな昨日までは赤の他人同士、前代未聞の練習風景。これが本番では五倍以上もの団体にふくれあがるのだ。不気味さはいつのまにか、緊張と興奮にかわっていった。

プログラムは全十曲で、『鳥の歌』と『フラトレス』以外ほとんど知らない曲だった。だが私のある時代をもう一度埋めるために、心から一度は弾いてみたかったアルヴォ・ペルトの『フラトレス』、主旋律ではなく低音であわせてみたかった『鳥の歌』、メドレーの中のサンサーンスの『白鳥』、そして初めて弾くが美しいハーモニーのラッヒナーやフンクの組曲。全てが魅力的だった。楽譜は、ベルリンフィルの十二人のアレンジに従って、私たち参加者も十二のパートに分けられたが、大まかには三パートごとにまとめられ四つのメロディーに分かれた。棒がふられ、最初の音が体育館に響きわたった時、全身にトリ肌がたった。人間の声に最も近い楽器の大合奏が、いよいよ始まったのだ。

広い広い体育館、カオもかすむような最後列の奏者にもわかるように、指揮者はピアニッシモの時でさえ、体中の汗をふりとばして全身で伝えようとしていた。三時間の練習はあっというまだった。

〈第三楽章――賢治・光のパイプオルガン〉

参加することに意味があった。おそらく一〇〇〇人の一〇〇〇の意味とこだわりがあるのだと思う。チェロに、神戸に、カザルスに、音楽に、人生に、それぞれの思いが――。

実行委員会から予定表や楽譜の訂正表、宿泊申し込み書やCD、ビデオの注文書、途中経過報告や励ましのメッセージが、毎週のように届いた。特に、楽譜の訂正は、指揮者とベルリンフィルの元メンバーや分奏会場のリーダーたちが、公式練習が終わるたびに、スコアにニュアンスの推敲(すいこう)を重ねていたからだ。ひとりももれることなく十一月二十九日にたどりつく日まで、熱いメッセージと共にそれは送られつづけた。

私が参加申し込みを郵送した翌日、実行委員長のM氏から電話があった。楽譜に私の絵を使用したい。プログラムなどでも協力をたのみたい、と。一〇〇〇人のひとりとして参加できるだけでもうれしいのに、絵描きとしても参加できることなど想像もしていなかった。震災直後の風景、あの郵便やさんの歩いていた風景を思い出す。あの時の絵描きとしての無力感を思い出す。再びコンサートの呼びかけのパンフレットのことばを思い出す――『神戸復興のために、音楽は何ができるだろうか』。その模索を発端として〈一〇〇〇人のチェロ・コンサート〉は始まった。M氏も神戸在住のチェリストだった。彼もまた一九九五年の阪神・淡路大震災でたくさんの友人や知人を亡くし、自ら左肋骨を折った。

あの日、破壊しつくされた神戸の街を歩いたとはいえ、私は神戸から見たら外の人間だった。だがあの日の絶望の淵から四年近くの歳月の中で、こんなに力強いメッセージを発信しつづけていた人たちがいた。無力だと思っていた私が私の絵で参加できることが新たにここに生まれた。プログラムの表紙にはあの絵しかない。そう「空のてんらん会」で描いたあの一〇〇号のタブロー。セロを弾く少年と光と雲が交響する空の絵。神戸で楽器を失ったチェリストが大勢いた。命を失った楽友たちのために参加するチェリストもたくさんいるときいた。災害地の復興は道路やビルや経済だけではないはずだ。今、日本中から、いやドイツやブラジルやアメリカ、世界中から、一〇〇〇人のセロ弾きのゴーシュたちが集結しようとしているのだ。自分の中だけのこだわりだと思っていたことが、国境やジャンルを越えて人類普遍の意志につながっていたのだ、と知った。

再び賢治のあの詩が天から響いてきた。

もしも楽器がなかったら
いいかおまえはおれの弟子なのだ
ちからのかぎり
そらいっぱいの
光でできたパイプオルガンを弾くがいい

ひとりの少年の背中に、一〇〇〇人の同じ思いがあり、巻雲の交叉する空にチェロの音が祈りのように響く——とどいてほしい、私の力いっぱいのメッセージ。絵本のようなプログラムを作ろう。

公式練習も三回めをクリアしたころ、プログラム製作の話し合いがはじまった。コンサートまでもう一ヶ月しかなかった。ギリギリの日程でプログラムのデザインと内容が決まり、絵のポジ写真を送り色校が出、やり直しが出、とうとう刷りあがったその喜びを手にできたのはコンサートの当日だった。

〈第四楽章——一〇〇〇のチェロ・一〇〇〇の風〉

十一月二十八日、神戸でのコンサート前日のリハーサルが、私にとって四回めの公式練習として認知され、私はギリギリで参加資格を得た。毎回ちゃんと出席表に印をおしてもらうようになっていてごまかせないようになっているのだ。プログラムを作ったからってそれは参加資格にはならない。

神戸ワールド記念ホールのすりばち型の建物の底いっぱいを一〇〇〇人と一〇〇〇台のチェロが埋めつくした。四〇〇〇人の聴衆と六五〇〇人の被災犠牲者たちの命の目が注がれていた。指揮台に向かって、元ベルリンフィルのメンバー五人と日本と外国のプロのチェリストたち十二人が並びその後ろに扇型に広がるようにして一〇〇〇人が並ぶ。椅子を交互にかみあわせるように配列してあるので末広がりの列の正確な数はわからないが、指揮者と最後部席の奏者との距離が三〇メートル以上の列もあっただろう。プログラムには、その全員の位置と氏名が印刷されていた。

コンサートは〝鳥の歌〟のソロで始まった。ベルリンの十二人の創立メンバーのひとり、O・ボルヴィッツキー氏のチェロ。しずかに、しかも力強く、みえない鳥たちが音になってホールに羽ばたく。黙禱をささげるように目を閉じた演奏者とそれを見守る一〇〇〇人のチェリストたち。

電光掲示板に「一〇〇〇人のチェロ・コンサート」と、シンプルな光の文字。初心者も、子どもも、老人も、外国人も、男も女も、神戸の人もそうでない人も、傷ついた人も元気な人も、みんな平等だった。みんな一〇〇〇人の中のひとりだった。そして、もう知らない人はここにはいないようだった。目が合うとみんな笑っていた。

第一パートから第十二パートまで、さざ波のように弓がおりかえされては、ひとつの心を作っていく。高音から低音へ、メロディーのバトンがわたされていく。心をこめて祈りをこめて、世界中から神戸に集結した一〇〇〇の風。それは新しいうねりとなって再び、神戸から世界にむかって吹きぬけていくのだ。やわらかい色彩を放ちながら光を降らせながら、ま新しい一〇〇〇の風となって――

いつの日からか私はずーっとずーっと『気分はおすわりの日』の気分を忘れて走りつづけていた。健康な世界からはみだしつづけていたかもしれない。曲は次々と進みいつしか『フラトレス』に――。グレイと共にあったいくつもの情景を、チェロと共に胸に抱きしめて私は弾いた。音や光や色彩に浄化されていくグレイとの日々。

今私はけしてはみだすことなく一〇〇〇人の中のひとりだった。一〇〇〇の悲しみと一〇〇〇の癒しを共有して。そしてそのことの誇りでいっぱいだった。

一九九九年、まもなく三度めの夏がくる。

スーパーのドッグフード売り場やペットショップの前を、ようやく歩けるようになった。

——もう買うことも立ち止まることもない。

グレイが好きだった風景を歩く時、そっとひとりでみえないしっぽをふっている。

一九九九年『グレイのしっぽ』

訓練
グジイ
アイガマ

グレイやよその犬を描いたパタパタ帖（蛇腹折りのスケッチ帖）

ふたりのあとがき〈二〇〇二年夏〉

夜空のこちらから　　——大M

この物語は、絵描きと犬の物語のようでありながら、実はひとりの絵描きの物語であり、ある犬のほんのしっぽの物語だ。

グレイにはグレイしか知らない物語があり、グレイと関わった人たちや出会った人たち、グレイと暮らしてきた家族、それぞれにグレイとの物語は存在している。それは見えないけれど、数えきれないいくらい多くの物語たちだった。それなのに、時が流れゆき、グレイと過ごした日々の記憶や思い出が遠ざかってゆく中で、いくつものみえない物語たちが形や色や事実を変え、忘れられ、消えていった。けれどそれは、残酷なことでも悲しいことでもなく、自然な流れなのだと理解している。悲しいことがあるとするなら、それは、これらの物語の中のグレイがグレイであって、すべてだったのだと思い込んでしまうことだろう。実際、このシリーズを通して描かれてきたグレイは、絵描きからみたグレイであり、物語たちが幻想的でありながらリアルで、綺麗に完結されているだけに、私たちはみえない犬を知った気になり、グレイのカケラをみつけて、拾い、並べては、自分たちなりにグレイという存在を創りあげてきただけに過ぎないみたいだ。

今でも時々、グレイは初めからみえない犬で、実在していなかったんじゃないかと思うことがある。言い換えれば、グレイは私たち家族を映していた鏡だったのだ。家族はみんな、グレイに現実と夢を見ていた。癒し、信頼、愛情を求めてくる家族と現実を、小さな犬はひとり抱え込み、そんなことにさえ気づかなかった家族のために、グレイはたった五歳で、家族離れを選んだのだろう。グレイが私に教えてくれたもののひとつに親離れがある。守るべき大切なものができると、人は、特に子どもは（しっぽを持った親を持つ子どもの場合は、なおのことかもしれない）、かつてグレイが持っていたような現実（家族）を冷静にみつめられる目と、自分と時間を大切なもののために犠牲にできる強さを手に入れるのだろう。

グレイの最後については、私は知らない。見ていない。それでよかった。

無責任ないい方であることを承知でいえば、終わりなどもう必要なかった。死が別れにはならなかったからだ。そのかわり、夜空のこちらでは、こうして終わりなく物語が続いている。

ここに　――小M

風にまぎれてやってきた
仔犬。

グレイになってみたくて
同じ目線で過ごしたくて
グレイの高さまでしゃがんでみた。
ケージに入ってみた。
ドッグフードをかじってみた。
はだしで地面を歩き
草の上をころがってみた。
夏に毛皮をきてみた。

グレイにはなれなかったけど
ちょっとグレイに近付いた10歳の夏。

人と犬の間にことばはない。
ことばなんかいらない。
目をみればわかる。
だきしめれば伝わる。
ぬくもりから感じとれる。
どんなものより　どんなことばより　心強かったあのこの目。
深く　やさしい黒。
疑うことを知らない　まっすぐな目。
語りかけ　話をきいてくれ
時には　ただじっと　みつめてくれた。
ひとりになりたくないとき　淋しいとき
わかっているのかいないのか
気付くとあのこはとなりにいた。
守っていたつもりがほんとうは守られていたのかもしれない。

あの夏。あの日。

腕の中にうすれゆくいのちをだきしめていた。
ふれられるものは永遠ではない。
こころで永遠になる。
あのこは無ではない。
死は無ではない。
グレイはいた。
グレイはいる。
かたちを変えて　いつもそばに
いつもここに——。
20歳(はたち)——。
グレイの風を感じる
6度目の夏がきた。

二〇〇二年『グレイのしっぽ』文庫版あとがき

'98 1 8

愛蔵版によせて

音のない風景

白いTシャツを着た　若い父親が
小さな小さな子どもに　かがみこんで
何か話しかけていた。
やがて、しゃがみこみ、ゆっくりと背中を向けた。
子どもは、二頭身の青色のロンパースから
短い手足を四方にのばし、
大きな大きな背中に登ろうとした。

自分の頭にさえも届かないような　二本のうでを
広い白いTシャツの背中の左右を掻くようにして
しがみつこうとしたり
よじのぼろうとしたりしている。
すぐわきに、やはり白いTシャツにGパンの若い母親がうでぐみした上体をゆすって笑っている。

背中にのぼりきれなかった子どもは
両手を天にのばしたまま　母親の方に走りより、
ひざのあたりに抱きついた。
クマさんのようにお父さんは立ち上がり
母さんクマと　互いの顔を見合わせた。

若い二人は、同時に少し腰をかがめると、
両横から　子どもをぶら下げるようにして歩きはじめた。
行く手に大きな大きなケヤキが三本。

広げた枝々の重ね目から　こぼれ落ちる　八月の光
小さな音符になって　白いTシャツの上でおどっていた。

一九九六年　夏

けんちゃん

その子は、私のアトリエに舞いおりた　小さな星の王子さまのようだった。

「ね……もみの木の絵を描いて」

不思議があんまりすぎると、とてもいやとは言えないものらしい。

描いてみせると、王子さまは小さいため息をついてから、こう言った。

「ね、ぼくといっしょに山に登ろう」その声はとても真剣だった。

私と王子さまは、御巣鷹山に登った。
「ここがぼくのおうち」……、「え、…きみはどこに住んでいるの？」
小さな王子さまは黙って空をながめていた。
もみの木のある小さな墓標の横に立って、そこから見える美しい若い森をながめた。
三〇年前の事故で焼けこげた山にも、風がめぐり雨が降り、
飛んできたタネから新しいいのちが芽生えていた。
シラカバ、ヤマザクラ、カツラ、マツ、ホオなどの木々が生え、
ノコンギクやアキノキリンソウやホタルブクロなどが咲く森が育っていたのだ。

私はだまってスケッチ帖を開いた。

王子さまは小さいまま、ここからずーっと、この森が育っていくのを見ていたのだ。


王子さまは、それからもアトリエにやってきた。

「茜色の空を描いて」

「ぼくね、夕日を見るのが好きなんだ。日の沈むとこ、いっしょにながめようよ……」

「夕日が沈む時の色は毎日ちがう。だから明日が来るのが楽しみなんだ、
明日はどんな色かなって」


毎日夕日を見るなんて、よっぽど悲しかったんだね。

私は心の中でそっと王子さまを抱きしめた。

絵を一まい描くたびに、王子さまはうれしそうにうなずいて、また次の注文を出した。
「こいのぼり」「もみの木」「クリスマスツリー」「ひまわり」……、
そして、ここに来る前に大きなひまわりを育てていた話をしてくれた。
ある日は、「あったかいセーターみたいなヒツジを描いて」だった。

私は、ヒツジの代わりに犬の絵を描いた。

「会ったことがある。この犬、羊雲とかくれんぼしていた」

もみの木のクリスマスツリーに五二〇の灯がともる絵をじっと見つめていた。

「ぼく、こんなのがほしかったんだ」

「…そろそろ星に帰らなくちゃ。ぼくを探している人がいるから。

世界にたったひとつだけのぼくの星を探してる人がいるから……」

「ぼくが星に帰れるように、ひこうき雲も描いて」

絵本は、もみの木にともされた五二〇の灯が夜の深い青に帰っていくシーンで終わる。

その星々のどこかに王子さまはいる。そして私たちを見守って笑っている。

小さな星の王子さま——けんちゃんは、今日も私に話しかけてくれる。

「悲しいときは、ぼくといっしょに夕日を見ようね」

茜空のすきまに、牧羊犬になったつもりの犬と、ひこうき雲にのった王子さまがいる。

二〇二〇年　夏

〈空の牧場〉　あの子もどこかにかくれているよ。
『雲のてんらん会』（1998年 講談社）

あの路

見たいと思う人には見える。
聞きたいと思う人には聞こえる。
思わない人には、見えない聞こえない。
日本語の「木もれ日」が音のない音楽だと感じない人には存在しないように……

絵本『あの路』は、仏語、中国語、台湾語、韓国語で翻訳版が出されたが、
木もれ日のように散りばめられた物語の世界を
詩人が「あの路」と表現したこのタイトルは、そのまま訳されることはなかった。
『ぼくの友だち三本足』（仏語）、『ぼくの友だち三本足の犬』（台湾語）、
『三本足の犬がいた路』（中国語、韓国語）。

少年と三本足の犬が出会い、心を交わし、友情と信頼を育んだ小さな通り（路）は、
やがてそれぞれが「生きる場所」を理解した時に、別れの場所ともなった路。
少年は、孤独な成長の途上で、何度も目を閉じて、三本足といたその路を想う。
物語は、こう結ばれる。

大丈夫さ。
目をつむれば、あの路がある。
きみがぼくを見ている。
ぼくは歩きつづける。

三本足は、人によっては亡き人だったり、離れなければならない家庭だったかもしれない。
私には、もう一人の少年自身だったようにも思えた。
少年が、もう一人のぼくを発見し、抱きしめ、「生きる」を自覚した場所は、
どう訳されればよかったのか。
この路、あの路、その路、どの路、もう無いかもしれない路……、
海外ではこの「こころの路」を的確に表す言葉はなかった、と台湾の翻訳者は語ってくれた。
日本語だからこそ含みを持つ表現、「あの」の深さだ、とも。

目をつむって、三本足の声をたよりに走るのが好きだった。
風の匂いを嗅ぐ。
三本足の走ったあとは、冷たい麦畑の匂いがする。

………
だれもいない路に、ぼくたちの声が響いた。
………
起きたら、雪が降っていた。
………
路は、生まれたばかりの白に覆われていた。
………
三本足は、どこにもいなかった。
ぼくは急に怖くなった。

少年は雪の中を一晩中探して、
ついにゴミ箱の下にビニール紐で縛られて転がされている三本足を見つける。
雪を払って、コートの中に抱きかかえる。
三本足は目を開けた。少年が助けに来ることを知っていた。

そして、ぼくが助けに来た。
それで、よかった。

………

だれも、ぼくたちを気にかけなかった。
それで、よかった。

雪が、ぼくたちだけに降っている。

少年はおばさんの家を出ることになった。
最後の日、いつものように遊んだあと、少年を乗せた車が動き出す。
目でたくさん、さようならを言った。

三本足が、路の真ん中を、追いかけてきた。
車はどんどん速くなった。
三本足もどんどん速くなった。
速く走れば走るほど、三本足は自由だった。
それを見るぼくも、自由になった。
車は大通りに出た。
三本足は、自分の路の終わるところで止まった。

すぐに見えなくなった。

私とグレイとが過ごした五年間は、私の「あの路」だった。
犬は生まれてきたように、定められたいのちを全うした。
絵描きは追うことも、引きとめることもできないことを知っていた。
自由だった犬はさらに自由になって、しっぽをふりふり空かける風になった。
「それで、よかった」
あの路で独白された少年の「それで、よかった」が、静かに私の中にも広がる。
その一言にたたみこまれた詩人のあらゆる思いと感情に、圧倒されながら。

二〇二二年　初夏

『あの路』山本けんぞう 文　いせひでこ 絵（2009年 平凡社）

出典

ハスキー犬のグレイのシリーズは、『グレイがまってるから』『気分はおすわりの日』『グレイのしっぽ』の三部作があり、理論社から一九九三年、九六年、九九年に刊行されました。文庫版は同タイトルで、中公文庫から一九九六年、九九年、二〇〇二年に刊行されました。また文庫三冊を合本編集した『グレイのものがたり』（中公文庫　二〇一七年）がありました。

本書『愛蔵版グレイがまってるから』は、単行本収録の本文と、文庫収録のあとがきを、執筆年にほぼそって収録、再編集しました。

「音のない風景」「けんちゃん」「あの路」は書きおろしです。

次の頁の図版（スケッチや原画、タブロー、写真）を新規に収録しました。

155・242・335・366・371・386・393・399・405・408頁

ザザザ
早朝でだれも みてなくて よかった…
BAU BAU

［著者紹介］**いせひでこ**（伊勢英子）

画家、絵本作家。1949年生まれ。13歳まで北海道で育つ。東京藝術大学卒業。創作童話『マキちゃんのえにっき』で野間児童文芸新人賞を受賞。絵本の代表作に『ルリユールおじさん』『1000の風1000のチェロ』『絵描き』『大きな木のような人』『あの路』『木のあかちゃんズ』『最初の質問』『チェロの木』『幼い子は微笑む』『ねえ、しってる？』『けんちゃんのもみの木』『たぬき』など、単行本・エッセイに『旅する絵描き』『七つめの絵の具』『わたしの木、こころの木』『こぶしのなかの宇宙』『猫だもの』『見えない蝶をさがして』『風のことば 空のことば』など多数。

愛蔵版 グレイがまってるから

発行日　2022年６月30日　初版第１刷

著　者：いせひでこ
発行者：下中美都
発行所：株式会社平凡社
〒101-0051 東京都千代田区神田神保町3-29
電話　03-3230-6593（編集）03-3230-6573（営業）
ホームページ https://www.heibonsha.co.jp/
デザイン：いせひでこ
組　版：寺本敏子／秋耕社
印刷所：株式会社東京印書館
製本所：大口製本印刷株式会社

ISBN 978-4-582-83901-2